故障预测与健康管理关键技术及应用

齐子元　邓士杰　刘兆丰 ◎ 主编

KEY TECHNOLOGIIES AND

APPLICATIONS OF FAULT PREDICTION

AND HEALTH MANAGEMENT

北京理工大学出版社
BEIJING INSTITUTE OF TECHNOLOGY PRESS

内 容 简 介

本书系统阐述了故障预测与健康管理技术国内外研究应用现状、装备使用寿命预测与健康管理技术体系架构、装备健康状态评估方法和剩余使用寿命预测方法，对提高装备的精确化维修保障具有重要的现实意义。全书共 8 章，包括绪论、故障预测与健康管理技术体系架构、故障预测与健康管理系统相关标准与建模技术验证、装备健康状态评估流程设计和评估指标体系构建、装备健康状态综合评估方法及应用、装备剩余使用寿命预测方法及应用、基于剩余使用寿命预测的装备维修决策研究、故障预测与健康管理系统典型应用案例分析的相关内容。本书涵盖了作者近年来在故障预测与健康管理和装备剩余使用寿命预测方面所取得的研究成果。本书内容全面，层次清晰，简单易懂，可为相关领域研究提供理论支持和方法指导，有较高的参考价值。

本书可供从事装备健康管理、剩余使用寿命预测、算法研究的工程技术人员及高校相关专业师生借鉴参考。

版权专有　侵权必究

图书在版编目（CIP）数据

故障预测与健康管理关键技术及应用 / 齐子元，邓士杰，刘兆丰主编. -- 北京 : 北京理工大学出版社，2025.1
ISBN 978-7-5763-4723-4

Ⅰ. TB114.37

中国国家版本馆 CIP 数据核字第 20253GT805 号

责任编辑：李　薇		文案编辑：宋　肖	
责任校对：刘亚男		责任印制：李志强	

出版发行 / 北京理工大学出版社有限责任公司
社　　址 / 北京市丰台区四合庄路 6 号
邮　　编 / 100070
电　　话 / （010）68944439（学术售后服务热线）
网　　址 / http://www.bitpress.com.cn

版印次 / 2025 年 1 月第 1 版第 1 次印刷
印　刷 / 三河市华骏印务包装有限公司
开　本 / 710 mm × 1000 mm　1/16
印　张 / 11.5
字　数 / 171 千字
定　价 / 66.00 元

图书出现印装质量问题，请拨打售后服务热线，负责调换

《故障预测与健康管理关键技术及应用》
编 委 会

主　编　齐子元　邓士杰　刘兆丰
副主编　房立清　崔凯波　孙海涛　邓辉咏
参　编　李　楠　齐观超　刘　亮　王　毅
　　　　赵宏阳　任继炜　郭永强　武亚坤
　　　　左现现

前　言

随着高新技术在武器装备上应用的逐步普及，在性能不断提升、功能逐渐完善的同时，结构上的集成化、元器件的精密化、电子电路的多元化制约了装备战技性能的保持和恢复。因此，如何高效精准地实现武器装备的故障检测及指向性的性能恢复成为未来战场上装备极限效能发挥的重点课题。本书引入近年来故障预测与健康管理（prognostics health management，PHM）方面的理论，全面阐述其关键技术原理，系统阐述故障预测与健康管理技术的国内外研究应用现状、技术体系架构、综合评估方法模型和装备剩余寿命预测方法模型，并详细讲解相关理论在典型装备上的具体应用，对于提高装备精确化维修保障具有重要的现实意义。

本书共 8 章，主要采用时序分层的方法讲解故障预测与健康管理的基础原理，从装备健康状态综合评估和装备剩余寿命预测两个方向介绍故障预测与健康管理的具体流程和典型应用，并基于剩余寿命预测对装备维修决策进行研究。第 1 章绪论，介绍故障预测与健康管理技术发展历程、国内外研究应用现状等；第 2 章故障预测与健康管理技术体系架构，分析故障预测与健康管理的基本方法；第 3 章故障预测与健康管理系统相关标准与建模技术验证，介绍故障预测与健康管理的相关标准，系统分析基于数据和模型的两种故障预测与健康管理系统建模技术；第 4 章装备健康状态评估流程设计和评估指标体系构建，界定装备群组的概念，明确健康状态评估的范围，分析健康状态评估的内涵；第 5 章装备健康状态综合评估方法及应用，介绍层次分析法、模糊综合评价法等评估方法，重点分析物元分析法和云模型法及其装备综合应用；第6章装备剩余使用寿命预测方法及应用，阐述基于滤波剩余使用寿命预测模型基本概念，对其实际建模应用进行探索；第7章基于剩余使用寿命预测的装备维修决策研究，主要介绍维修决策的基本模型，阐述基于费用模型、可用度模型、风险模型的维修决策建议；第8章故障预测与健康管理系统典型应用案例分析，主要介绍障预测与健康管理系统在F-35联合攻击战斗机等典型装备上的应用。

本书由齐子元统稿。齐子元完成了第1章和第5章的撰写工作，邓士杰、邓辉咏完成了第6章和第7章的撰写工作，房立清、刘兆丰完成了第2章的撰写工作，崔凯波、孙海涛完成了第4章的撰写工作，李楠、齐观超完成了第3章的撰写工作，刘亮、刘兆丰完成了第8章的撰写工作，王毅、赵宏阳、任继炜完成了全书图片生成绘制工作，郭永强、武亚坤、左现现完成了全书的校对工作。

吕建刚教授和薛德庆教授对本书提出了许多宝贵的修改意见，谨表示衷心的感谢。

本书在撰写过程中参考了大量学者的学术研究成果，在此，对所有参考文献的作者表示由衷的感谢。

因编者水平有限，且仅对其中涉及的几个问题进行了初步探索，书中难免有不足之处，恳请读者提出宝贵意见。

编　者

2024年3月

目 录

第1章 绪论 ... 1
- 1.1 故障预测与健康管理技术国内外研究应用现状 ... 1
- 1.2 健康状态评估方法的研究应用现状 ... 7
- 1.3 剩余使用寿命预测技术研究现状分析 ... 11

第2章 故障预测与健康管理技术体系架构 ... 21
- 2.1 故障预测与健康管理方法 ... 21
- 2.2 故障预测与健康管理系统开放式体系结构分析 ... 23
- 2.3 典型装备故障预测与健康管理系统体系架构设计 ... 26
- 2.4 履带式车辆故障预测与健康管理系统框架结构设计 ... 31
- 2.5 基于云模型和数据驱动的装备健康状态评估和故障预测 ... 34
- 2.6 本章小结 ... 37

第3章 故障预测与健康管理系统相关标准与建模技术验证 ... 38
- 3.1 故障预测与健康管理相关标准 ... 38
- 3.2 故障预测与健康管理系统建模技术研究 ... 43
- 3.3 故障预测与健康管理系统验证技术 ... 45
- 3.4 故障预测与健康管理验证和确认的实现 ... 50
- 3.5 故障预测与健康管理系统的验证方法应用 ... 52

第4章 装备健康状态评估流程设计和评估指标体系构建 ... 56
- 4.1 装备健康状态评估的内涵 ... 57

4.2　健康状态评估工作流程设计　60
第5章　装备健康状态综合评估方法及应用　73
  5.1　层次分析法　73
  5.2　模糊综合评价法　77
  5.3　灰色综合评估法　78
  5.4　神经网络评估法　80
  5.5　物元分析法　82
  5.6　云模型法　85
  5.7　基于云相似度-物元模型的综合评估方法　90
  5.8　综合评估模型在自行火炮发动机健康状态评估中的应用　97
第6章　装备剩余使用寿命预测方法及应用　116
  6.1　基于滤波剩余使用寿命预测模型研究　116
  6.2　粒子滤波在装备剩余使用寿命预测中的应用研究　128
第7章　基于剩余使用寿命预测的装备维修决策研究　142
  7.1　维修决策基本模型　142
  7.2　基于费用模型的维修决策研究　143
  7.3　基于可用度模型的维修决策研究　147
  7.4　基于风险模型的维修决策研究　150
第8章　故障预测与健康管理系统典型应用案例分析　153
  8.1　F-35联合攻击战斗机项目　153
  8.2　直升机健康与使用监测系统　155
  8.3　航空航天领域的IVHM系统　156
  8.4　美国M1坦克发动机故障预测与健康管理系统　158
附录　某型发动机油液监测数据　161
参考文献　165

第1章 绪 论

1.1 故障预测与健康管理技术国内外研究应用现状

近年来，有关故障预测与健康管理（prognostics health management，PHM）技术的学术研究交流非常活跃。很多国际知名企业都开展了 PHM 理论、技术、软件或者应用解决方案等方面的研究，如英特尔公司、霍尼韦尔国际公司等。美国的马里兰大学、佐治亚理工学院、田纳西大学、麻省理工学院、加州理工学院、斯坦福大学等相关学术机构都开展了各具特色的 PHM 技术研究工作。美国、德国和日本纷纷召开 PHM 研讨会，讨论 PHM 未来的发展趋势和关键技术，积极探索和推动 PHM 技术的发展。2005 年 11 月，美国国家航空航天局（National Aeronautics and Space Administration，NASA）组织举办了首届国际宇航"综合系统健康工程和管理"论坛，论坛组委会决定在综合系统健康管理（integrated system health management，ISHM）（NASA 领域的 PHM）的名称中增加"工程"一词，并将"综合系统健康工程和管理"（integrated system health engineering and management，ISHEM）作为一门新的学科推出。美国桑迪亚国家实验室与美国能源部、国防部、工业界和学术界合作建立了预测与健康管理创优中心（Center of Excellence，COE），支持 PHM 技术开发、技术试验和确认。马里兰大学成立了预测与健康管理联合会，致力于电子预测与管理方法的研究和培训。

PHM 技术越来越受到各国军方和工业界的关注，各方都在积极采取各种方式加速这类军民两用技术的开发和利用。目前，PHM 技术广泛应用于英国、美国、加拿大和以色列等国的大、中型民用和军用直升机领域。PHM 技术已成为国内外新一代武器装备研制和实现自主式保障的一项核心技术，是 21 世纪提高复杂系统"五性"（可靠性、维修性、测试性、保障性和安全性）和降低寿命周期费用的军民两用技术，应用前景广阔。

1.1.1 国外民用领域应用现状

PHM 技术在民用飞机、汽车、复杂建筑、桥梁、核电站、大型水坝等重要设备和工程设施的监控与健康管理中得到广泛应用。其中，PHM 技术在民用航空领域的应用尤其突出。比如，波音公司的飞机健康管理（airplane health management，AHM）系统，已在多家航空公司的多种客运或货运客机上大量应用，提高了飞行安全和航班运营效率。据波音公司的初步估计，通过使用 AHM 系统可使航空公司节省约 25%的因航班延误和取消而导致的费用。由美国航空无线电通信（ARINC）公司与 NASA 兰利研究中心共同开发的与 PHM 系统类似的飞机状态分析与管理系统（aircraft condition analysis and management system，ACAMS），其功能在 NASA 的 B‐757 飞机上成功地进行了飞行试验演示验证，并申请了美国专利。在航天应用方面，NASA 第 2 代可重复使用运载器已采用了航天器综合健康管理（integrated vehicle health management，IVHM）系统，对航天飞机进行健康监控、诊断推理和最优排故，以求降低危及航天任务安全的系统故障。NASA 已拟定了未来 10 年的航天器综合健康管理技术计划，作为其航空安全项目的一个重要组成部分。

1.1.2 国外军用领域应用现状

美军为 F‐35 联合攻击战斗机开发的 PHM 系统是最早使用的，也是目前技术水平最高的系统。20 世纪 90 年代末期，美军重大项目联合攻击机（joint strike fighter，JSF）项目的启动，标志着 PHM 技术的诞生。它要求对系统故障可预测并具有对系统的健康状况进行管理的能力，美军将其应用在陆军装备的直升机上，形成了健康与使用监测系统（health and usage monitoring system，HUMS）。2000 年 7 月，美国国防部威胁评估局将 PHM 技术列入《军用关键技术》报告，国防部防务采办文件进一步明确了 PHM 技术在实现美军战备完好性和经济可承受方面的重要地位。2001 年，JSF 项目将 PHM 技术和自主式后勤（autonomic logistics，AL）列为两大关键技术。

美国国防部新一代的 HUMS-JAHUMS 具有全面的 PHM 技术能力和开放、灵活的系统结构。迄今，美陆军的直升机已有 180 多架安装了 HUMS，包括 AH-64 "阿帕奇"、UH-60 "黑鹰"等。陆军已向装备 HUMS 的飞机颁发了适航证或维修许可证，并批准在全部 750 架"阿帕奇"直升机上安装 HUMS。英国国防部也与史密斯航宇公司达成协议，为 70 架"未来山猫"直升机开发一种状态与使用监测系统。另外，史密斯航宇公司也将为韩国直升机项目（Korean helicopter project，KHP）提供价值超过 2 000 万美元的直升机 HUMS。HUMS 不仅应用在直升机上，在固定翼飞机和导弹上也开始有所应用，如"阵风"（Rafale）战斗机、B-2 轰炸机、"全球鹰"无人机、无人作战飞机（unmanned combat air vehicle，UCAV）、"鹰"式教练机、C-130 "大力神"运输机、C-17 "环球霸王"Ⅲ、RQ-7A/B "影子" 200 战术无人机、P-8A 多任务海上飞机、AMRAAM 导弹等也采用了各种类似系统。

随着故障监测和维修技术的迅速发展，美国国防部和各军种先后开发了飞机状态监测系统（aircraft condition monitoring system，ACMS）、发动机监测系统（engine monitoring system，EMS）、综合诊断与预测系统（integrated diagnostic and prognostic system，IDPS）及海军的综合状态评估系统（integrated condition assessment system，ICAS）等。目前，PHM 系统在各国航空航天、国防军事以及工业等领域逐步得到推广。

1.1.3　国内研究应用现状

国内对 PHM 技术的研究起步较晚，健康状态评估的研究和应用比较少，大多是将故障诊断和故障监测方法进行一定的延伸，并在此基础上进行状态维修研究。我国在开展机械故障诊断技术研究的同时，意识到了状态评估与预测技术的重要性。《国家中长期科学和技术发展规划纲要（2006—2020 年）》将重大产品和重大设施健康状态评估与预测技术作为前沿技术进行重点支持，"863 计划"先进制造技术领域将重大产品和重大设施健康状态评估与预测技术作为专题之一，近年来越来越重视 PHM 技术在军民领域的研发和推广应用。

国内在故障诊断、故障预测和健康管理方面开展了较为广泛的研究工作，研究需求和研究对象主要集中在航空、航天、船舶和兵器等复杂高技术装备研究和应用领域。研究主体以高校和研究院居多，参与 PHM 相关技术研发的单位主要包括中国航空工业发展研究中心、北京航空航天大学可靠性工程研究所、哈尔滨工业大学航天学院飞行器动力学与控制研究所、西北工业大学航空学院和一些军事科研院所。目前，国内 PHM 技术的主要应用领域包括桥梁的状态监测与健康管理，大型电力系统的设备维护与健康管理，民航飞机发动机的状态监测与管理等。中国航空工业发展研究中心的张宝珍一直跟踪 PHM 技术发展的国际前沿，对 PHM 技术的发展演变过程，国外军事、民用和学术研究领域的应用现状以及 PHM 技术的发展趋势进行了分析，最近两年对 PHM 技术国外先进测试与传感器技术发展动态进行了跟踪报道。北京航空航天大学可靠性工程研究所对 PHM 理论框架、发展趋势及关键技术进行了大量研究，包括电子产品剩余使用寿命预测及 PHM 系统设计等方面，取得了一些成果。西北工业大学航空学院对飞行器 PHM 技术与系统设计进行了应用研究，建立了跨大气层飞行器健康管理系统（health management system，HMS）总体框架，并对无人机的飞控系统健康管理专家系统进行了研发。西北工业大学还深入探讨了航空电子预测与健康管理的关键技术，包括失效机理分析、应力损伤评估、故障先兆及预警电路 4 个类别，研究并给出了新一代综合模块化航空电子系统与 PHM 系统的体系架构。

国内一些军事院校也在各个领域对 PHM 技术进行了深入研究，包括空军工程大学、海军航空工程学院、空军雷达学院、装甲兵工程学院、军械工程学院等院校。其中空军工程大学的张亮等针对我军新一代作战飞机的技术特点及在维修保障方面的需求，对机载 PHM 系统体系结构的 3 种备选方案进行了对比分析，给出了一种由模块/单元层 PHM、子系统级 PHM、区域级 PHM 和平台级 PHM 集成的层次化体系结构，并着重从层次的划分、组成要素的功能描述、信息传输和外部逻辑等方面进行了论述。空军工程大学的杨洲、景博等研究了机载系统故障预测与健康管理验证与评估方法，结合实例给出了基于分析评估的验证、基于仿真的验证和基于试验的验证方法，讨论了故障预测与健康管理有关的标准体系，指出构建故障预测与健康管理标准体系是未来的发展方向。海军航空工程学院的尚永爽等针对某型军用飞机的技术特点和维修保障方面的要求，在现有航空装备综合维修信息系统的基础上，利用飞机本身的机内测试（built-in test，BIT）数据信息、数据链路和遥测信息，建立了航空装备综合地面健康管理（integrated ground health management，IGHM）系统，通过对 PHM 技术的分析，详细论述了 IGHM 系统的功能和实现方法。空军雷达学院的王晗中等为克服传统维修保障方式的缺陷并适应现代雷达装备维修保障的发展需求，构建了基于 PHM 技术的雷达装备维修保障系统。解放军炮兵学院的彭乐林等根据无人机系统故障特点建立了系统设备拓扑结构，并构建了无人机 PHM 系统逻辑体系结构。装甲兵工程学院的司爱威、冯辅周针对装甲车辆研究了基于小波相关排列熵的异常检测和早期故障诊断技术，提出了一种基于耦合隐马尔可夫模型的机械系统故障预测方法，并通过实例验证了模型的有效性。军械工程学院的刘晓芹结合 PHM 技术在降低装备保障维修费用方面的明显优势，分析了 PHM 系统的开放式流程，提出了一种基于 PHM 技术的预测与健康管理体系框架。

国内的研究重点在 PHM 技术的内涵和原理、结构和功能、技术特点、关键技术和技术应用等方面。主要研究内容集中于体系结构和关键技术、智能诊断和预测算法及测试性和诊断性的研究等。有关 PHM 系统及其标准化设计规范的研究也在进行中。

近年来，国内有关 PHM 技术的学术研究也非常活跃。2009 年 10 月 17 日，国内首届预测与健康管理技术高峰论坛在北京航空航天大学召开。原总装备部、北京航空航天大学、哈尔滨工业大学、海军装备技术研究所、航空 601 所、航空 611 所、航空 640 所、北京航天测控公司等 22 个单位参加了讨论，并达成以下共识：PHM 技术在国内已得到普遍关注，为推动该技术在国内的发展，建议在条件成熟时，在学会下成立跨行业、跨部门、跨学科的专家联盟，加强联系，定期进行学术交流。继 2010 年澳门 PHM 国际会议及 2011 年深圳 PHM 国际会议成功举办之后，2012 年 5 月 23—25 日在北京召开了故障预测与健康管理技术国际会议（PHM 2012）。会议吸引了国内外航空航天、国防、海洋生态系统、电力与电子系统、计算机与通信、材料系统、工业自动化及医疗保健和医疗技术等不同业界、学术界和政府的专家学者、企业人士等，提供了交流研究的平台，交流了最新的研究成果、应用进展以及业界需求，并开展了广泛的国际学术交流与合作。

总体来看，对于PHM理论技术的研究，国外的研究比国内更为广泛和丰富，也更加趋于成熟。国内对PHM技术的研究和应用一直处于跟随阶段，总体的研究规模和水平仍然相对落后，各机构的研究能力和水平参差不齐，行业或技术领域专业研究组织薄弱。从工业部门和复杂装备使用者的角度来看，我国现在对综合故障诊断、健康状态评估和预测及健康管理技术的需求是明确而强烈的，但是由于理论研究和应用研究没有有效的结合，应用需求没能得到系统而明确的分析和引导。另外，由于缺乏良好的研究管理机制和统一高效的协调机制，研究体系分散，造成理论和应用脱节、基础研究缺乏背景支撑和实验验证等缺陷。

1.1.4 PHM技术未来发展趋势

PHM技术的发展经历了健康监测与故障诊断、状态评估与预测、系统集成3个日益完善的阶段，在部件级和系统级、在机械产品和电子产品等领域经历了不同的发展历程。PHM技术的发展体现在以系统级集成应用为牵引、提高故障诊断与预测精度、扩展健康监控的应用对象范围和支持基于状态的维修与自主式保障等方面。PHM技术未来的发展主要体现在以下几点。

① 在PHM系统集成应用方面：采用并行工程的原则，与被监控产品设计同步，进行PHM系统的框架设计与细节设计。

② 在提高故障诊断与预测精度方面：研究智能数据融合技术，加强经验数据与故障注入数据的积累，提高诊断与预测置信度；不断寻求高信噪比的健康监测途径；研究灵巧、耐用的传感器，提高数据源阶段的精度。

③ 在健康状态评估与预测模型方面：集成智能故障诊断技术，完善通用的状态评估和预测体系结构，探索新的状态评估与预测模型。

④ 在应用领域方面：PHM技术向更加复杂的机电装备或系统应用发展；从比较成熟的航空航天领域、民用和军用飞机领域向陆军主战装备拓展应用。

随着PHM技术在军事和民用领域的广泛应用，世界各国对PHM技术愈加关注。我国国防科技工业对于PHM技术有着强烈的需求。借鉴和吸收国外的先进经验,研究 PHM 关键技术可为我国新一代武器装备的研制提供技术储备,并奠定工程应用基础,更好地促进我国国防工业的快速发展。

1.2 健康状态评估方法的研究应用现状

1.2.1 健康状态评估的发展过程

健康状态评估的演变过程是人们认识和利用自然规律过程的典型反映,是一个逐步成熟完善的过程。健康状态评估是在传统的状态监测技术基础上发展起来的。随着装备性能和复杂性的增加,健康状态评估技术的发展大致经历了状态监测→技术状态评估→健康状态评估的发展演变过程。

美国是最早开展装备状态监测的国家之一,1961 年开始执行"阿波罗计划"后,发生了一系列由于装备故障酿成的悲剧,引起美国军方和政府有关部门的重视。1967 年 4 月,在 NASA 的倡导下,由美国海军研究室主持,召开了美国机械故障预防小组成立大会。会议的中心议题是有组织地开发状态监测与故障诊断技术。

随着装备越来越复杂,监测参数也在爆炸式增加,装备的状态已不能由少数监测参数来判定,需要根据多个参数指标对装备的状态做出综合评定,即产生了技术状态评估技术。在对技术状态评估研究的过程中,其他非技术状态因素,如环境、使用情况、维修情况等,相继被引入到评估中。研究人员发现,技术状态评估这个术语已不能完全表达评估的内涵了,特别是近年来随着 CBM+、PHM 等理论的推广,健康状态评估逐渐成为一个通用的术语。

基于状态的维护(condition-based maintenance,CBM)的产生可以追溯到 20 世纪 40 年代末期,当时格兰德河(Rio Grande)铁路部门首次认识到监测润滑油中金属元素的浓度对于确定内燃机车的运行状况及预测其元件故障十分有效,并取得了突出的经济效益。20 世纪 50—70 年代,国外从状态监控技术起步,开展了大量的 CBM 研究和应用工作。状态监控技术的不断完善提高了设备可用度,减少了生产线的非计划停机次数及时间,已广泛应用于机械、化工、冶金、汽车及电力等行业,取得了巨大的经济效益。

2001年，一个由美国海军提供部分资助，由波音公司、卡特彼勒公司、罗克韦尔自动化公司、罗克韦尔科学公司等联合组建的工业小组，制定了一个CBM开放式系统体系结构（open system architecture for CBM，OSA-CBM），其中健康状态评估是这个体系结构的7个模块之一。2008年10月，在美国科罗拉多州丹佛市召开的第一届PHM国际会议上，明确将健康状态评估作为故障预测与健康管理的关键技术之一。

实际上，装备健康状态评估技术是与状态监测技术、技术状态评估技术息息相关的。在进行健康状态评估时，常常需要通过各种状态监测技术来获取各种表征装备健康状态的特征参数，需要借鉴技术状态评估的各种方法实施评估工作。装备健康状态评估与预测技术在装备健康管理中占重要的地位，是CBM和PHM的重要组成部分，是综合性很强、多学科相互交叉和相互融合的基础应用科学与应用技术，在保障装备的安全性、可靠性、高效性、可维修性和经济性等方面起着极为重要的作用，在国内外均受到高度重视。

1.2.2 健康状态评估方法的应用现状

健康状态评估是以状态监测、技术状态评估等为基础，在CBM＋、PHM等理论框架下逐渐发展起来的。健康状态评估技术不仅应用于现有装备上，而且在新装备研制过程中已经考虑将成熟的状态评估技术加入其中，以备未来之需，体现了装备健康性的设计思想。

外军尤其是美军在健康状态评估研究与应用方面取得了很大的进展。20世纪90年代末，由英美等国家军方合作开发的JSF项目中，将评估系统自身的健康状态作为PHM系统一项核心的功能，代表了美军目前健康状态评估技术所能达到的最高水平。机载的健康状态评估系统为飞行员实时提供飞机的关键健康信息，并且在飞机处于飞行时将状态、故障数据下载，后勤部门在分析数据后对飞机的健康状态做出评估，根据飞机当前的状态调整任务，并对维修做出规划，从而大大缩短下次出动的准备时间。

美国海军为了在其舰船维修过程中实施CBM，开发了综合状态评估系统。该系统能够监测舰船机械数据的变化趋势，能对舰船及其设备进行状态评估等。

ICAS通过监测每个系统或设备的关键性能参数并予以评估，给出系统或设备状态评估的汇总表格，分别用绿色、黄色和红色表示系统或设备处于可用、注意和不可用状态，最后得出具体的维修建议。2006年9月—2007年8月，已经完成了12个系统的综合性能分析报告，提交了2871艘舰船的数据。分析报告为实现"在正确的时间、以正确的费用进行正确的维修"提供了可靠的依据。

美国陆军在重型高机动性战术卡车HEMTT-M1120A2+上运用了健康状态评估技术，通过车载的内置式健康管理系统对卡车现场可更换单元（line replaceable unit，LRU）的健康状态进行持续监控和评估，能够实时显示卡车液压、电池、发动机、传动等关键系统的健康状态。在显示界面上，分别用灰色、黄色、红色表示系统没有健康问题、健康警告、健康危险状态。健康管理系统能够向操作和维修人员提供卡车的健康状态信息，依据评估结果对卡车的维修和任务进行调整规划，大大提高了车辆的可靠性和可用性。BAE系统公司为美陆军部队开发了车辆健康状态管理系统（vehicle condition management system，VCMS），目前正在将单个车辆状态监控的平台扩展到整个作战旅，实现全面的CBM和车辆健康管理。

此外，美空军的发动机监测系统、陆军的综合诊断预测系统等都应用了健康状态评估技术。澳大利亚陆军在两架CH-47D直升机上应用了健康状态评估技术，对发动机润滑系统的状态进行评估。

在国外，健康状态评估技术不仅在军用装备上得到了应用，在航空航天、核工业、船舶等领域也有广泛应用，成为21世纪名副其实的军民两用技术。例如，英国BAE系统公司的直升机健康与使用监测系统、波音公司的飞机健康管理系统及NASA的航天器综合健康管理系统等。

在国内，对于装备健康状态评估的研究也在相应地开展。西北工业大学的李俨等提出了一种新的无人机系统健康状态评估方法，对某型无人机部分分系统发生故障及采取修复措施后的健康状态分别进行了评估：当关键分系统出现灾难性故障时，引入了惩罚函数机制，对无人机的健康指数进行了修正；通过把三角模糊数和层次分析法相结合，用于在健康状态评估过程中对分系统的权值计算。哈尔滨工程大学的杨敏研究了灰色综合评价方法、信息熵方法与基于模糊综合评价方法的健康度计算方法,并在液体火箭发动机试验台健康评估中进行了应用。空军工程大学的徐宇亮等针对电子设备的健康性能退化问题,提出了一种改进流形学算法与隐半马尔可夫模型(hidden semi-Markov model,HSMM)相结合的电子设备健康评估与故障预测方法,建立了电子设备健康评估与故障预测模型,用 K-L 距离来衡量故障程度,实现设备老化程度的评估,通过将该方法应用于某型导弹电子设备的健康评估中,验证其有效性。空军工程大学的张亮等提出了一种基于粗糙核距离度量的复杂装备健康状态评估方法,该方法首先用粗糙集进行健康特征的约简和权重系数确定,得到优化的联合健康特征向量,然后基于加权核距离度量进行健康状态分类,并成功应用在航空发动机健康状态评估中。海军装备部航空技术保障部的崔晓飞等对发动机热力参数进行预处理后,采用相关分析方法进行筛选和定权,确定了先验分布和条件分布计算方法,并基于贝叶斯融合模型对航空发动机的性能状态老化程度进行评估。海军工程大学的吕建伟等对舰船健康状态评估的相关概念进行了分析,并对健康状态和健康度的概念进行了探讨和改进,提出了模糊综合评价方法以及灰色聚类的单个舰载装备和由多个装备组成的装备系统的健康状态评估方法,引入了"任务健康度"的概念。最后,根据舰船执行不同任务的实际需求,将全舰健康状态的概念引入舰船的使用和维修保障中,提出了舰船各系统的健康状态标准图,使其能够更为直接地判断舰船各系统的健康状态水平、完成不同任务的能力以及对应的保障需求状态。军械工程学院的何厚伯等研究了基于马尔可夫过程的健康评估问题,运用马尔可夫模型方法,将部件系统退化过程描述为有限状态转移过程,建立了基于马尔可夫的健康状态评估模型,对 PHM 系统进行评估并对剩余使用寿命(remaining useful life,RUL)进行预测,最后进行了案例分析,验证了模型的可行性。军械工程学院的吴波基于灰色聚类和模糊综合评价理论建立了装备健康状态评估模型,并利用灰色关联分析对模型进行了改进。军械工程学院的齐伟伟通过研究基于云模型理论,建立了基于云重心的装备健康状态评估模型,通过计算综合云重心的加权偏离度来衡量装备的健康状态,构成了定性和定量评价间的相互映射。

国内关于健康状态评估技术的应用主要体现在状态监测和故障诊断方面,国内现在也缺少真正意义上的健康状态评估系统。在上述健康评估方法中,评估对象主要是空军的无人机、军用飞机及海军的舰船等,而针对陆军武器装备的健康状态评估比较缺乏。因此，有必要进一步深入研究健康评估方法，并将其应用在陆军武器主战装备中，以实现对武器装备健康状态程度的掌控，便于指挥员进行任务的决策，确保作战任务的完成。

1.3 剩余使用寿命预测技术研究现状分析

美国宾夕法尼亚州的机械信息管理开放系统联盟（Machinery Information Management Open System Alliance，MIMOSA）制定和发布了 OSA-CBM，该结构将 CBM 系统分为 7 个功能模块，如图 1-1 所示。

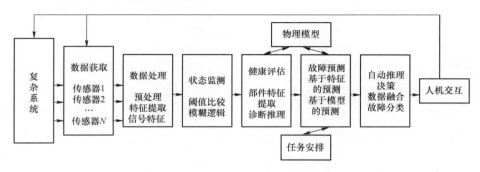

图 1-1 OSA-CBM 组成模块

剩余使用寿命预测是实施 CBM 的关键技术，主要通过收集状态信息，建立与装备寿命之间的关系，对装备运行状态做出评估并确定最佳维修决策。

相对于发展比较成熟的故障诊断，剩余使用寿命预测是一个较新的研究领域，成为当前理论研究的热点，但其在工程实践中的应用还相对较少。对于一些装备或部件，其性能的变化通常是一个逐渐劣化的过程，即其故障存在"潜在故障—功能故障"的发展过程，这个过程即 $P—F$ 间隔期，如图 1-2 所示。P 点称为潜在故障点，在该时刻装备的故障（缺陷）是能够被发现的，如果检测过程中没有发现装备异常状态，未采取任何措施，通常会以更快的速度退化到功能故障点 F。$P—F$ 间隔期的存在是对装备及其部件故障进行预测的重要前提条件。

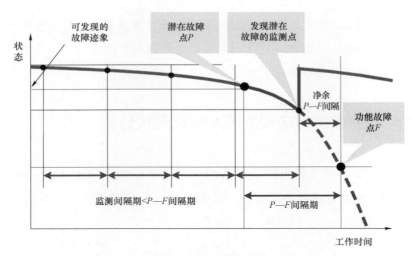

图 1-2　P—F 间隔期

机械设备剩余使用寿命预测结果的形式，主要在假定已知设备当前状态及过去任务剖面的条件下，预测多长时间后某个故障才发生。装备从被检测的某一时刻起到发生故障的时间长度，通常称为剩余使用寿命，这也是应用最为广泛的故障预测形式。定义如下条件随机变量

$$T-t\,|\,T>t, Z(t)$$

式中，T 为设备到达故障的时间变量；t 为设备当前的运行寿命；$Z(t)$ 为设备的运行状态。

因为剩余使用寿命是一个随机变量，所以剩余使用寿命的分布情况对全面理解剩余使用寿命十分重要。"剩余使用寿命预测"（remaining useful life prediction，RULP）有两种含义：一种情况表示研究剩余使用寿命的分布；另一种情况表示求得剩余使用寿命的期望。

掌握故障的发展过程及故障机理是进行剩余使用寿命预测的前提条件。故障的发展过程可以通过状态信息的变化趋势或者预测模型的状态参量来跟踪。对于故障机理有两种描述方法：第一种，假设故障依赖于能够反映故障程度的状态参数和预先确定的边界值，这种情况下故障的定义比较简单，可表述为当状态到达预先确定的边界值时即出现故障；第二种，使用可用的历史数据为故障机理建立预测模型。由此，通过总结近年来剩余使用寿命预测方法领域的研究成果，本书将其分为 3 类：基于概率统计理论的剩余使用寿命预测、基于人工智能的剩余使

用寿命预测和基于物理模型的剩余使用寿命预测。以下分别对这3类剩余使用寿命预测方法的研究现状进行论述。

1.3.1 基于概率统计理论的剩余使用寿命预测技术研究现状

基于概率统计和点过程理论的剩余使用寿命预测技术，是经过大量的样本数据统计，建立装备的状态和寿命的统计分布，估计模型中未知参数，并根据费用等目标做出优化决策，预测结果通常比较精确。这一类模型最典型的有比例风险/强度模型、滤波模型以及随机过程劣化模型等。

1. 比例风险/强度模型

1972年，Cox首先提出了比例风险模型（proportional hazard model），开始主要用于医学生存数据分析，随着比例风险模型的不断完善和发展，其逐渐应用于工程可靠性问题的研究，并很快成为一种重要的统计数据分析工具。比例风险模型不仅考虑了装备运行的时间信息，而且考虑了装备运行时各种状态变量信息，因而能有效地用于装备的风险评估和可靠度估计。

加拿大多伦多大学Jardine应用比例风险模型对设备进行CBM维修决策，该方法主要使用统计模型对设备状态进行评估，并在此基础上建立单位时间费用最小条件下的维修决策。1994年，Jardine和Makis组建了CBM实验室，开始CBM软件的开发与应用，并开发了软件包EXAKT，成功将CBM应用于露天采矿企业、Campbell公司、中国香港地铁公司、石化企业和Cardinal River煤矿公司等企业，通过对发动机、轴承、齿轮箱等关键设备进行分析，将这些企业的维修费用降低了20%～50%甚至更多。

Huamin Liu采用比例风险模型研究了不同负载条件下切削工具的维修决策；Daming Lin等对11个齿轮采集到的状态监测参数应用EXAKT软件包中的功能实现优化，其中采用了比例风险模型，以费用最少为目标确定了维修间隔期；Kumar和Westherg采用线性回归作图方法对具有时变状态变量的比例风险模型进行了研究；Newby应用比例风险模型分析了温度对设备的影响程度并进行了维修决策。

1981年，Prentice基于非齐次泊松过程、更新过程等随机过程理论对Cox的比例风险模型进一步扩展，提出了比例强度模型（proportional intensity model，

PIM），适用于可修系统中的不完全维修情形；1994 年，Kumar 等综述了对非齐次泊松过程 – 比例强度模型参数的各种估计方法，以基本强度函数服从 Weibull 分布的 PIM 得到的估计结果最为准确；1996 年，Pham 和 Wang 分析了各类不完全维修建模方法的研究现状；Vithala 和 Landers 分别研究了基本强度函数为指数、对数线性情形时的计算步骤及实际应用。

在国内，2002 年国防科技大学的张秀斌、王广伟采用比例风险模型建立设备运行状态与故障率之间的关系，基于状态阈值对设备进行维修决策，开发了计算机辅助视情维修决策系统（computer aided maintenance decision system，CAMDS），促进了国内 CBM 的发展。

2. 基于 Kalman 滤波的预测模型

英国 Salford 大学的 Christer，Wang 和 Jia 等先后根据大量同类系统的状态检测数据，采用大样本理论的估计方法，构造了以当前工作状态为条件的系统剩余使用寿命概率模型，例如，Christer 和 Wang 在 1992—1995 年对被监控系统的维修决策问题进行了初步研究，建立了时间延迟模型；Christer 在 1997 年把状态空间监测模型应用于熔炉的腐蚀寿命预测，给出了一种应用状态空间分布和 Kalman 滤波的基于状态的维修模型；Wang 于 1995—1998 年对基于状态的维修模型进行了讨论，初步建立了滤波模型并给出了最优维修策略，强调了在 CBM 建模领域进行理论和应用研究的重要性；Wang 和 Jia 于 2001 年应用非线性滤波理论对设备的剩余使用寿命进行了预测并开发出了维修决策原型软件。

1996 年，Ray 等提出了一种非线性统计模型对机械材料的裂纹进行建模，该模型通过使用广义 Kalman 滤波在线估计系统当前的剩余使用寿命，并以可用度最大为目标进行了维修决策；2002 年，Yang 采用含故障树分析和 Kalman 滤波的混合 Petri 网对设备的故障进行了预测；2004 年，Zhan 等考虑不同负载条件下齿轮箱的健康状态评估方法，运用自适应 Kalman 滤波理论对齿轮箱的状态进行了评估；2005 年，Pedro 等建立了基于远程监测系统的磨损评估方法，用于铁路上对不易观察的设备部件建立状态空间模型，采用极大似然估计法估计未知参数，并且当获取新的数据后再对参数进行修正。

总体上看，基于滤波的剩余使用寿命预测模型主要基于 Kalman 滤波或扩展 Kalman 滤波（extended Kalman filter，EKF）理论，但复杂系统的状态信息多呈现非线性，尤其是当系统噪声为非高斯噪声时，传统滤波模型缺乏一定的适应性。粒子滤波（particle filter，PF）理论是 21 世纪初发展起来的一种新的滤波方法，在处理非线性非高斯问题方面呈现出了很大的优势，基于 PF 建立装备的剩余使用寿命预测模型，会极大提高预测模型的准确性。

3. PF 在预测领域的应用

自从 1960 年 Kalman 提出 Kalman 滤波以后，滤波理论得到了很大发展，先后出现了多种理论算法，例如，Bucy 和 Sunahara 等研究并提出了扩展 Kalman 滤波，将滤波理论进一步应用到非线性领域；英国 Oxford 大学的 Juliet 和 Uhlmann 在 20 世纪 90 年代中期提出了基于无迹变换（unscented transform，UT）的无迹 Kalman 滤波（UKF）；1993 年，Gordon 等提出了一种新的基于序贯重要性采样的 Bootstrap 非线性滤波方法，奠定了 PF 算法的基础，激起了 PF 算法的研究热潮。

PF 算法代表着非线性滤波研究的主流方向和研究热潮，适用于任何备用状态空间模型以及传统的 Kalman 滤波表示的噪声分布为非高斯分布的非线性随机系统，其精度可以逼近最优估计，是一种很有效的非线性滤波技术。经统计，2000 年以来全世界发表的有关 PF 方面的论文超过千篇，PF 已广泛应用于很多研究领域，如视频与图像处理、导航与定位、多目标跟踪、无线通信、金融领域数据分析等，但在故障诊断与预测领域的研究则略显匮乏。鉴于 PF 算法在处理非线性非高斯问题方面的优势，将其引入装备剩余使用寿命预测领域，并进行深入研究，具有很大的理论和应用价值。

对于 PF 理论，从改进重采样步骤的角度出发，相继提出了一些改进的 PF 算法。Goulon 等通过给重采样后的粒子人为添加高斯噪声增加粒子的多样性，避免出现相同的粒子，等效于采用高斯核平滑后验密度。基于同样的思想，正则化粒子滤波（regularized particle filter，RPF）用连续分布采样代替重采样的离散分布采样，从而避免了多样性的丧失。不同的是，RPF 中的核函数是根据当前粒子分布估计的。Kotecha 提出的高斯粒子滤波（Gaussian particle filter，GPF）通过对先验、后验概率分布进行高斯近似，在每次预测、更新后估计高斯分布的参数，再从高斯分布采样得到新的粒子，避免了贫化的问题，在后验密度满足高斯近似时能取得较好的性能。马尔可夫链蒙特卡洛（Markov chain Monte Carlo，MCMC）粒子滤波通过对重采样后的粒子进行马尔可夫（Markov）转移，增加了粒子的多样性，并使粒子分布趋向于真正的后验概率分布。

然而，GPF 由于需要对未知分布进行高斯近似，在应用于非高斯，甚至多峰的后验分布时会造成较大的偏差。RPF 在实际应用时通常采用高斯核，在估计核带宽和白化参数时进行了高斯近似，因此存在 GPF 同样的问题。MCMC 本身是一种运算量很大的算法，而且 MCMC 在过程噪声很小时会出现烧穿时间（bumin time）过长、收敛难以判断的问题，因此在序贯状态估计中并不是很有吸引力。

（1）PF 在故障诊断领域的应用

2004 年，美国马里兰（Maryland）大学的 Vaswani 等研究了基于粒子滤波器和期望似然比算法，研究了非线性系统的缓变故障检测算法。美国卡内基梅隆（Carnegie Mellon）大学的 Verma 和斯坦福（Stanford）大学的 Thrun 等为增强操纵机器人故障诊断的实时性，减少低概率故障状态的粒子数，研究了两种粒子滤波器：风险敏感的粒子滤波器（risk-sensitive particle filter，RSPF）和可变精度粒子滤波器（variable rate particle filter，VRPF）。英国 Sheffield 大学的 Li 和 Kadirkamanathan 也做了比较深入的研究：2001 年，他们用多模型表示系统的可能故障，研究了基于似然比的故障诊断方法；2002 年，他们通过观察监测信息的似然函数的变化来检测故障，并采用联合估计方法和交互式多模型（interactive multi-model，IMM）诊断和辨识故障；2003 年，Li 为解决线性铁路车辆的故障诊断问题，将 Kalman 用于硬故障的实时在线辨识和诊断，而将 RB（Rao-Blackwenized）粒子滤波器用于软故障的离线诊断；2004 年，他们在基于粒子滤波器方法进行参数推理的同时计算似然比，并进行故障决策。

国内将 PF 应用于故障诊断领域的研究起步较晚。2004 年，清华大学的莫以为将故障的发生视为一个离散事件，使用 PF 算法对混合系统的混合状态进行估计，对可能发生变化的参数使用进化 PF 算法进行估计，实现了混合系统的故障诊断；2005 年，清华大学的张柏等采用了方差自适应粒子滤波器诊断参数偏差型故障；2006 年，国防科技大学的葛哲学深入研究了非高斯噪声下非线性系统故障诊断的 PF 算法，并应用于某型直升机飞行控制系统，何文波研究了 PF 算法在非线性随机系统故障诊断的应用，并与其他非线性滤波方法进行了仿真比较；2007 年，中南大学的段琢华实现了模糊自适应 PF 算法，并应用于移动机器人航迹推算系统传感器失效故障的诊断；2008 年，皇丰辉将遗传算法中的选择、交叉、变异进化思想引入到 PF 中进行算法改进，提出了改进的遗传粒子滤波器并应用到传感器故障诊断中，在理论研究方面进行了探讨。

（2）PF 在剩余使用寿命预测领域的应用

2007 年，Orchard 建立了基于 PF 算法的实时故障诊断和故障预测体系，并用于发动机叶片的裂纹增长预测，可以实时预测部件的剩余使用寿命；Manzar Abbas 将 PF 用于电池铅板腐蚀的剩余使用寿命的精确计算；上海交通大学的杨志波在运用动态贝叶斯网络对工业加工常用钻头进行寿命预测过程中，结合 PF 近似推理算法解决了时间片数量较大的问题。2008 年，胡昌华提出了强跟踪 PF 算法，并应用于故障预报，缓解粒子退化和样本贫化问题，提高了跟踪突变状态的能力。2009 年，清华大学的徐贵斌研究了基于 PF 算法的故障预测方法，应对一类带有测量数据丢失或延迟的非线性动态系统的故障预测问题，能够提前预测系统发生失效的时间；第二炮兵工程学院的张琪为解决 PF 的大计算量和粒子退化问题，先后将 k 均值聚类算法、权值选优和随机摄动思想引入基于 PF 算法的故障预测，取得了较好的效果；张磊提出了一种基于高斯混合 PF 模型的故障预测算法，近似计算出对象系统剩余使用寿命分布，可以有效反映故障预测中各种不确定性和随机因素。2010 年，Shane Butler 将 PF 剩余使用寿命预测模型用于半导体制造业，对系统的状态概率分布函数的发展状况进行了预测。2011 年，Pradeep Lall 等利用 PF 建立状态空间向量对电子部件进行监测，研究电子设备的故障发展过程，并分析了其剩余使用寿命，但是仅对系统可靠性和剩余使用寿命进行了有限的分析。

从以上分析可以看出，PF 成为当前研究的热点，目前国外越来越多的专家将其用于故障诊断和故障预测领域，对其理论和应用都进行了深入的研究，代表了非线性系统故障诊断和预测技术的发展趋势和前沿方向。国内专家也开展了大量的研究，取得了很大的进展，但国内的研究多是跟踪国外的一些先进思想，对 PF 的理论研究较多，实际应用研究较少；对算法的局部改进较多，系统的分析模型较少；对故障预报研究较多，对剩余使用寿命预测的研究较少。而且国内的研究多是基于物理模型，如裂纹增长模型，针对机械部件的历史数据所建立的统计模型较少，而针对军用装备的研究则更少。

4. 其他模型

2003 年，Chinnam 和 Kwan 将隐马尔可夫模型（hidden Markov model，HMM）应用于设备剩余使用寿命预测研究；2005 年，Dongyan Chen 采用了半马尔可夫决策过程（semi-Markov decision process，SMDP），建立了状态空间模型并应用于铁路系统；2004 年，Yan 将 ARMA 模型用于设备性能评估和剩余使用寿命预测，并于 2005 年研究了逻辑回归算法在性能退化评估和故障模式识别上的应用；2007 年，上海交通大学的杨志波等采用动态贝叶斯网络对设备剩余使用寿命预测进行了研究。

在维修决策领域，Wang 和 Christer 建立了非直接状态监测信息的随机动态系统的 CBM 决策模型，利用整个磨损状态监测历史数据估计系统劣化水平；南京航空航天大学的梁剑针对单部件视情维修优化问题应用了再生和半再生过程理论，采用变精度粗糙集理论挖掘发动机的送修等级决策规则，以费用为目标建立了决策模型；国防科技大学的刘凯应用贝叶斯网络进行了设备维修决策；华中科技大学的华斌将贝叶斯网络引入水电机组的状态检修研究，分别研究了完整性数据集和不完整数据集下贝叶斯网络的参数估计问题。

总的来说，基于概率统计理论的剩余使用寿命预测可以有效利用装备的实时监测信息，具有能够深入装备系统本质和实时剩余使用寿命预测的优点，并且，系统的剩余使用寿命通常与模型参数紧密联系，随着装备状态信息的积累和对装备性能状态的逐步深入理解，可以逐渐修正模型的参数来提高预测精度。但是，在实际工程应用中通常要求装备系统的寿命分布形式具有较高的准确性，这就对装备寿命模型的建立过程以及所需的一些典型数据（历史工作数据、故障数据以及状态信息数据）的收集提出了更高的要求。

1.3.2 基于人工智能的剩余使用寿命预测技术研究现状

基于人工智能的剩余使用寿命预测技术的典型代表是神经网络以及近年来发展的支持向量机等，其中也包括对各种技术的衍生，诸如小波神经网络（wavelet neural network，WNN）、模糊神经网络（fuzzy neural network，FNN）以及改进的支持向量机等。这些衍生技术既继承了原有技术方法的优势，又在一定程度上克服了其不足，因而在剩余使用寿命预测研究中取得了很好的应用效果。

Zhang 用自组织神经网络（self-organizing neural network，SONN）对轴承系统进行了剩余使用寿命预测；Wang 用动态小波神经网络（dynamic wavelet neural network，DWNN）预测了故障的发展过程和估计系统的剩余使用寿命；Nefti 研究了神经网络在铁路故障预测方面的应用；Huang 将轴承振动信号的均方根值、峭度、波形因子等参数作为自组织特征映射的特征向量，将得到的最小量化误差作为评估轴承性能退化程度的指标，并且利用有反馈的反向传播神经网络（back propagation neural network，简称 BP 神经网络）预测轴承的剩余使用寿命；Chinnam 提出了一种模糊神经网络方法，用来预测系统剩余使用寿命，主要针对那些没有故障数据和故障定义仅有专业经验知识可以利用的情况。

在国内，徐小力等利用遗传算法对 BP 神经网络结构参数进行了优化，应用于旋转设备的性能预测；李凌均等研究了支持向量机理论，构造了支持向量回归机并用于设备的振动信号预测；印欣运等研究了小波熵，利用信号统计分布的特性来表征设备状态并进行了状态预测；张蕾研究了数据挖掘方法在设备性能预测中的应用；汤峰采用递推合成 BP 神经网络对大型汽轮机故障预测问题进行了研究；邓士娟采用支持向量机根据轴承的振动信号对轴承的寿命进行了预测。

在实际应用中，基于人工智能的剩余使用寿命预测方法由于所获得的数据往往受到环境、使用条件、工艺生产等影响，因此具有很强的不确定性和不完整性，增加了剩余使用寿命预测技术的实现难度。

1.3.3　基于物理模型的剩余使用寿命预测技术研究现状

基于物理模型的剩余使用寿命预测，需要对机械系统的结构组成和结构应力等进行详细的分析和建模仿真，目的是通过力学模型建立状态参量与寿命之间的关系。

Ray 用一种针对疲劳裂纹的非线性随机模型，实时计算机械结构损伤率及累积损伤；Lesieutre 开发了基于等级模型的系统仿真方法用于估计剩余使用寿命；Li 介绍了两种故障发展模型，用于计算轴承的剩余使用寿命；Qiu 应用一种基于损伤机理的模型对轴承的剩余使用寿命进行了预测；Oppenheimer 应用一个物理模型预测机械系统的状态，并结合基于裂纹发展规律的寿命模型估计剩余使用寿命；Kacprzynski 提出了一种融合故障物理模型和相关诊断信息的模型，应用于直升机齿轮箱的剩余使用寿命预测；Patrick 介绍了一种将物理模型、仿真和实验数据结合到关键部件的早期故障模式诊断和剩余使用寿命预测的系统框架，并应用于直升机的主传动系统。

基于物理模型的剩余使用寿命预测方法是当前研究的一个重点内容，但建立一个设备精确的物理模型，需要掌握系统的详细参数，并进行结构上的假设，一定程度上影响了模型的可靠性，不利于实现对设备的实时维修。另外，基于物理的模型缺乏对历史数据的运用，由于是针对具体的设备参数而建立的，缺乏普适性。

另外，在故障预测领域存在其他一些方法，如模糊数学、灰色预测理论等，均取得了较好的应用。丁强应用模糊理论及智能系统进行设备的剩余使用寿命预测和维修决策；Kim 利用模糊推理系统理论预测设备剩余使用寿命；化建宁、孙海港等采用模糊 Petri 网进行设备的剩余使用寿命预测和维修决策；哈尔滨工程大学的于竹君引入灰色预测模型满足了在小样本、贫信息的情况下建立模型的要求，提出了采用灰色马尔可夫预测方法对预测模型的优化和反馈校正等处理，进一步提高了预测精度；刘斌等从模糊数学的基本理论出发，探讨了铣刨机液压系统状态监测与故障预测和诊断的原则和方法。

第 2 章
故障预测与健康管理技术体系架构

2.1 故障预测与健康管理方法

故障预测与健康管理技术是综合利用现代信息技术、人工智能技术的最新研究成果提出的一种全新的健康状态管理解决方案,是保持和提高军用车辆作战效能的一项重要技术。故障预测与健康管理技术在各个国家的命名不一,美国有 PHM 系统、IVHM 系统,英国和澳大利亚有 HUMS,虽然各国对其称呼不同,但都有一个共同特点,就是可在使用装备时自动完成故障检测、预测、隔离和监控,并及时进行故障影响评估、故障报告和装备状态管理,最终提高地面平台的作战效能、安全性及可靠性。早在 2000 年,PHM 系统就被列入美国国防部威胁评估局的《军用关键技术》报告,并且美国国防部防务采办文件将嵌入式诊断和预测技术视为降低费用和实现最佳战备完好性的基础,将 PHM 系统作为采购武器系统的一项强制性要求,进一步明确了 PHM 系统在实现美军武器装备战备完好性和经济可承受性方面的重要地位。

随着 PHM 系统对提高部队作战效能的作用日益凸显,许多国家逐渐加大研发和应用 PHM 系统的力度。国外应用 PHM 系统的车辆种类和数量非常庞大,从传统轮式车辆"陆虎",到大型履带式主战坦克;从配备较少电子基础结构的车辆,到高度复杂的集成车辆;从没有安装数据源和传感器的车辆,到配备大量嵌入式传感器和 BIT 的车辆。无论何种车辆，其对 PHM 系统的许多要求都是相似的，其中一个重要要求是：应用 PHM 系统必须能使车辆实现高效费比目标，必须能为车辆在全寿命周期费用和作战方面带来效益。多年来，美、英、德等国将 PHM 系统作为车辆研制的一个重要组成部分，不断推出多种 PHM 系统研究成果和产品，以满足信息化战场对地面平台的迫切要求。其中，美国和英国是发展和应用这项技术最具有代表性的国家。

随着高新技术的不断发展，装甲车的结构越来越复杂，自动化和集成化程度越来越高，故障的起因和征兆也更加错综复杂，给故障诊断和预测带来了更大的挑战。从国外 PHM 系统的发展现状来看，其未来发展主要体现在以下几个方面。

① 模块化、开放式体系架构。为了便于将 PHM 系统灵活应用于各种车辆，包括简单的传统车辆和复杂的现代化车辆，需要从一开始就将其设计成一种模块化、开放式体系架构，从而实现部件的即插即用，解决各子系统彼此独立、点到点集成所导致的诸多问题，大幅提高地面车辆的作战效能，明显增强车辆的未来发展潜力。

② 采用商用现货。通过研究国外 PHM 系统发展现状可以看出，在开发中尽可能采用成熟的商用现货已成为西方国家对其重大军事装备采购项目的一个强制性要求。采用商用现货，不但可以降低集成风险、缩短研发周期、减少研发成本，而且能够提高系统技术成熟度、增大效费比、实现供应商之间的公平竞争。

③ PHM 系统与其他能力相集成。通过研究可以发现，将 PHM 系统与装甲车辆其他能力相集成，可在最大限度降低成本的情况下，很好地实现故障诊断与预测，并提高车辆的整体作战能力。例如，集成车辆健康监测技术与紧急响应能力，不仅能够智能探测设备性能和故障，而且能够即刻正确响应，提供有价值的安全评估。

通过发展，国外 PHM 系统取得了较大成效。该技术已逐步应用于各种军用车辆，在很大程度上提高了车辆故障检测率和故障预测率，增强了车辆作战效能,已成为国外新一代装甲装备实现自主式保障和降低寿命周期费用的核心技术。

2.2 故障预测与健康管理系统开放式体系结构分析

2.2.1 基于 OSA–CBM 的 PHM 系统开放式体系结构

PHM 系统采用开放式体系结构,其核心是利用先进传感器的集成,借助各种算法和智能模型来预测、监控和管理系统的健康状况,是机内测试能力和状态监控技术的进一步拓展。视情维修的开放体系结构综合了 PHM 系统共同的设计思想以及应用技术和方法,可用于指导构建应用于机械、电子和结构等领域的各种类型的 PHM 系统。基于 OSA–CBM 的 PHM 系统开放式体系结构框架如图 2–1 所示。

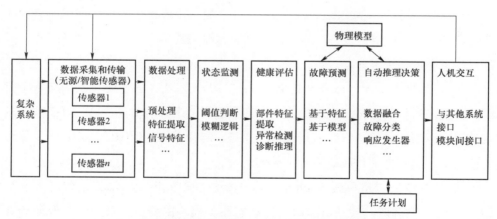

图 2–1 基于 OSA–CBM 的 PHM 系统开放式体系结构框架

基于 OSA–CBM 的 PHM 系统开放式体系结构主要由数据采集和传输、数据处理、状态监测、健康评估、故障预测、自动推理决策和人机交互 7 个部分组成,其各部分之间没有明显的界限,且存在大量数据信息的交叉反馈。

① 数据采集和传输(data acquisition,DA)模块。该模块为 PHM 系统提供了访问数字传感器数据的接口,也可表示为软件界面与灵敏传感器交互。通过利用各种传感器采集系统的相关参数信息,为 PHM 系统提供数据基础,并且具有

数据转换以及数据传输等功能。

② 数据处理（data manipulation，DM）模块。该模块利用信号处理技术处理来自传感器以及其他数据处理模块的信号和数据，并将数据处理成后续状态监测、健康评估和故障预测等模块处理要求的格式。输出结果包括过滤、压缩后的传感器数据、频谱数据以及其他特征数据等。

③ 状态监测（condition monitoring，CM）模块。该模块主要是将来自传感器、数据处理以及其他状态监测模块的数据同预定的失效判据等进行比较来监测系统当前的状态，可根据预定的参数指标极限值或阈值来提供故障报警能力，实现实时的状态监控与诊断。

④ 健康评估（health assessment，HA）模块。该模块通过接收来自不同状态监测模块以及其他健康评估模块的数据，运用健康评估技术评估被监测系统（或分系统、部件等）的健康状态（如是否有参数退化现象等），产生故障诊断记录并确定故障发生的可能性。

⑤ 状态预测（condition prognostic，CP）模块。该模块可综合利用前述各部分的数据信息，可根据装备当前的健康状态预测被监测系统未来的健康状态，或评估装备剩余使用寿命。

⑥ 自动推理决策（reasoning decision，RD）模块。该模块接收来自状态监测、健康评估和故障预测模块的数据，产生更换、维修活动等建议，可在被监测系统发生故障之前的适宜时机采取维修措施，同时对维修保障的过程、维修保障的行为、备品备件的供应等进行有效的管理。

⑦ 人机交互（human-machine interface，HMI）模块。该模块包括人—机接口和机—机接口，人—机接口包括状态监测模块的警告信息显示以及健康评估、故障预测和自动推理决策模块的数据信息的表示等；机—机接口使上述各模块之间以及PHM系统同其他系统之间的数据信息可以进行传递交换。

一般来说，数据采集和传输模块、数据处理模块、状态监测模块和健康评估模块位于装备系统平台上，是PHM系统的主要部分。针对元部件的全寿命周期健康管理，由于需要更强的计算处理资源，以及更具广泛性、完整性、全局性的数据资料和历史性档案，因此，状态预测模块、自动推理决策模块和人机交互模块的功能主要由其他相应健康管理子系统来实现。

2.2.2 PHM 系统核心能力

PHM 系统提供在未来一段时间内确定系统失效可能性以及采取适当维护措施的能力，PHM 系统功能如图 2-2 所示。其一般具备故障检测与隔离、故障诊断、故障预测、健康状态评估与寿命预测、异常检测等能力，其中异常检测能力、故障诊断能力、健康状态评估与寿命预测能力是 PHM 系统的核心能力。

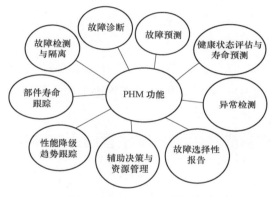

图 2-2 PHM 系统功能

1. 异常检测能力

异常检测能力是指对异常行为进行检测分类的能力。成员级 PHM 的状态监测单元将获取的装备运行信息送入异常检测推理机，推理机处理规则知识库的信息和成员级系统的实时数据，与模型库中提取的特征信息进行比较后，对应的规则被推理机的计算结果激活，判断装备运行处于正常或者异常状态。规则从规则知识库调用并显示在界面上，当检测到参数出现异常时，可通过人—机界面给出报警。

2. 故障诊断能力

故障诊断能力是指 PHM 系统对故障原因的诊断以及故障部件的定位、隔离的能力，主要由故障诊断推理机提供故障诊断能力。故障诊断推理机主要用于隔离故障和失效的诊断，它记录来自该分系统不同的诊断输入，采用多种分析方法

（如相关分析、功率谱分析、时间序列分析、模态分析、时频分析等）将采集的数据进行分析处理，查出故障点或劣化点，以确定出现故障的原因。

3. 健康状态评估与寿命预测能力

健康状态评估与寿命预测能力是对部件或子系统在给定使用包线下的剩余可用寿命的估计，实现预测及报告所评估的部件或子系统的健康情况的能力，主要由预测推理机提供健康状态评估与寿命预测能力。预测推理机可以根据部件状态在各种寿命预测模型（如灰色预测模型、人工神经网络模型等）上所处的位置，确定该部件继续执行功能的时间长度，从而预测装备或部件的剩余使用寿命和评估装备的健康状态，在装备严重停机事故发生之前，利用有效的预测功能保证有足够的时间制订和实施维修计划。

本书针对核心能力中的健康状态评估能力，重点研究装备健康状态评估技术理论与实施方法，为 PHM 系统提供技术和理论上的支撑。

2.3 典型装备故障预测与健康管理系统体系架构设计

2.3.1 PHM 系统功能需求分析

设计的履带式车辆 PHM 系统能够实现以下功能。

1. 装备在线监测和状态预测

能够实时获取履带式车辆的运行信息，监控其健康状态，并根据一些状态参数的微小变化，在早期预测出履带式车辆状态的变化趋势。对非正常状态能够立即发现，对异常现象能够准确定位、数据化测量和故障原因分析，实现准确预测其未来的健康状态和剩余使用寿命。

2. 有异常时按优先级实时报警

可设置多种形式的报警，并按照紧急程度、严重程度、其他可用资源等进行优先级排序。在装备有异常时能够实时报警，主动寻求维护，并提示异常的部位和严重程度。使用和保障人员在同时出现不同设备、不同级别的报警时，优先处理最严重和最紧急的报警，以便有效地保障装备的运行安全和任务的顺利完成。

3. 器材保障自动化

在维修任务的执行过程中,一旦确定了所需的备件,履带式车辆 PHM 系统应能通过网络自动将相关信息传递至器材仓库,并由器材仓库根据优先级及时将备件送至所需位置,动态完成器材保障任务。同时,器材仓库需要建立与履带式车辆 PHM 系统配套的器材保障管理系统,该系统能够根据备件的库存和使用情况进行库存分析,并形成有效的决策建议,提醒管理人员及时向上级部门请领或向供货商采购来补充库存器材物资。

4. 自动生成决策

随着装备型号和数量的增多以及装备结构的日益复杂,基于传统统计数据的人工车辆派遣和维修决策方法已经不能满足现代战争精确化使用与维修保障的要求,而且由于掌握的信息不够全面,基于人工的主观臆断极易造成决策失误。这就要求履带式车辆 PHM 系统能够根据当前和历史数据,结合人工智能算法,对车辆派遣和维修保障进行自动决策,更有效地配置车辆、人员及其他资源,降低装备的使用和保障费用,提高装备的可用度。

5. 装备日志管理与维护

维护人员可以方便地查找数据记录或管理日志,包括装备原始资料、装备历史故障现象和维护维修记录、装备工艺参数历史记录、运行状态历史记录,并将维修结果录入,其日常工作处理同时就是部队知识体系构建的过程。

6. 图形化显示

支持装备的图形化部位分解,通过图形指引的方式,可以方便查看、管理并修正装备各个部位的相关运行维修标准、故障发生、维修及零部件更换记录等信息。

2.3.2 履带式车辆 PHM 系统的设计原则

履带式车辆 PHM 系统的设计应满足需求分析中的内容要求,同时,要与相关系统做好衔接与匹配。履带式车辆 PHM 系统结构设计的原则主要有以下几点。

1. 体制适应性原则

履带式车辆 PHM 系统的建设是对现有装备保障系统的全面升级,是一个系统的工程过程，与装备的使用保障流程和维修管理体制是密不可分的。为保证系统正常运行，该系统在设计研发时必须与现行的维修保障体制保持一致。

2. 可靠性原则

履带式车辆 PHM 系统作为装备保障的系统，应满足可靠性设计要求，保证能够长期安全地运行。在设计时就要充分考虑该系统硬件运行的可靠性和软件运行的鲁棒性，软件设计尽量采用模块化思想，使软件本身具有故障隔离功能，最大限度保证系统的可靠性。

3. 可扩充性原则

随着部队信息化建设的开展，许多装备面临数字信息化升级改造，在这个过程中不可避免地增加或减少某些模块或部件，履带式车辆 PHM 系统不能因为硬软件扩充、升级或改型而使原有系统失去作用。因此，该系统在与现有装备维修器材保障模式兼容的情况下，要预留一些可扩展的模块接口以备将来功能升级时使用。

4. 实用先进性原则

注重采用成熟而实用的技术，使履带式车辆 PHM 系统建设的投入产出比最高，能产出良好的军事效益和经济效益。在实用的前提下，应尽可能跟踪国内外先进的硬软件技术、信息技术、数据传输技术和管理技术等，使该系统具有较高的性能指标。

5. 经济可承受性原则

履带式车辆 PHM 系统的建设是一个装备保障系统信息化改造的过程，其中涉及多种设备和设施的更新换代，这就不可避免地要投入大量的资金。因此，在系统设计时应多方面考虑经济成本，充分利用现有设备和设施进行信息化改造，从而与构建履带式车辆 PHM 系统的目标——改革现有保障模式与降低维修保障费用相一致。

6. 操作便利性原则

对使用者来说，系统的操作便利性是最基本的要求之一。履带式车辆 PHM 系统的设计最终是面向部队的，应尽量保证各层次人员都能熟练使用。因此，在操作使用上，应尽量使界面直观、操作简单、易于掌握；在硬件安装上，应尽可能在原有结构上调整升级；在软件安装上，应实现系统的无人值守自动安装；在系统维护方面,应保证数据库更新和软件升级的简单易行。

2.3.3 履带式车辆 PHM 系统技术层次结构划分

根据前面所描述典型 PHM 系统、开放性体系结构以及划分的功能模块和实现目标,为了更好地发挥履带式车辆 PHM 系统的作用,将该系统的技术层次划分为 5 层,分别是基础层、数据层、模型层、流程层和表现层,如图 2-3 所示。该系统通过不同的层面达到各自的目标。

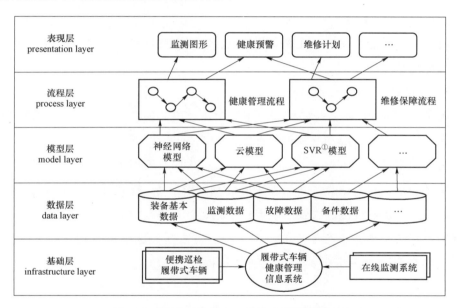

图 2-3 履带式车辆 PHM 系统技术层次结构

1. 基础层

履带式车辆 PHM 系统的基础层以履带式车辆健康管理信息系统为核心,以便携巡检履带式车辆和在线监测系统为支撑,共同为履带式车辆健康管理提供保障。系统可以通过 5W1H 分析法的提醒,使基础操作层面的工作变得及时、有序。5W1H 即 why——为什么做;who——谁来做;when——什么时间做;where——去哪里做;what——做什么;how——怎样做,按照什么标准做。

---

① 支持向量回归(support vector regression,SVR)。

在基础层,为了获取和管理履带式车辆的健康状态信息,应该做到以下5个方面:① 定部位和内容,要明确指定履带式车辆的监测部位,按部位规定相应的检查项目和内容;② 定方法,每项内容都应有确定的方法和相应的器具;③ 定标准,每项内容都要明确劣化判定标准和状态极限;④ 定人员,每项内容都应有固定的人员负责;⑤ 定周期,每项内容都要有规定的监测间隔时间。

2. 数据层

履带式车辆PHM系统的数据层主要由装备基本数据、监测数据、故障数据、备件数据等组成。数据管理的内容主要包括履带式车辆装备的基础数据登记与管理,状态信息、维修信息、维修资源信息、监测取样信息的记录与管理,以及监测技术标准数据的登记与管理等。

3. 模型层

履带式车辆PHM系统的模型层主要由比较成熟的评估、预测和决策模型构成,如灰色模型、神经网络模型(在M1坦克中进行了应用)、云模型、SVR模型、相关向量机(relevance vector machine,RVM)模型等,也可以包括为特定部件构建的基于状态信息的剩余使用寿命预测模型等。模型层是连接数据层和流程层的纽带,能及时传递与展现履带式车辆运行状态与管理状况的实时数据,并能够根据指挥员要求进行专门的数据定制,将数据传送至指定的位置或其他系统,为指挥员的决策提供第一手的决策依据。

4. 流程层

履带式车辆PHM系统的流程层主要由健康管理流程和维修保障流程组成。这两个主要流程是根据组织机构各个职能部门工作环节、内容和要求的不同,将履带式车辆健康管理和维修保障实施工作进行细化和规范化,形成完整的业务流程。通过建立业务规范工序流程图可以有效地降低维修损耗、控制资源浪费、降低管理成本,从而达到提高履带式车辆健康管理的效率和效益。

5. 表现层

履带式车辆PHM系统的表现层主要由监测图形、健康预警和维修计划等部分组成。表现层及时传递和展现履带式车辆运行状态与管理状况的实时数据和图形,并能够根据指挥员要求进行专门的数据定制和健康预警,将维修计划传送至相关部门。

2.4 履带式车辆故障预测与健康管理系统框架结构设计

武器装备 PHM 系统在结构上划分为 3 部分：模块/部件级 PHM 系统、区域级 PHM 系统和系统级 PHM 系统,如图 2-4 所示。其中模块/部件级 PHM 系统、区域级 PHM 系统建立在武器装备上,系统级 PHM 系统建立在地面保障中心。这里要说明的是,模块/部件级 PHM 系统对应某个武器装备重要部件或模块单元,区域级 PHM 系统对应单个武器装备,系统级 PHM 系统对应武器装备群组。

这里的武器装备 PHM 系统只考虑 PHM 系统的三个核心能力：异常检测能力、故障诊断能力、健康状态评估与寿命预测能力。这三个能力在 PHM 系统中形成三个推理机,其中异常检测推理机主要是根据 BIT 数据和历史数据检测装备发生异常的情况；故障诊断推理机用于发生异常后对故障进行定位,并给出维修维护方案；状态评估与故障预测推理机则根据知识库和技术库中的相关信息对武器装备进行健康状态评估与故障预测。

2.4.1 模块/部件级 PHM 系统

模块/部件级 PHM 系统的最底层是各模块/部件健康管理方案的实时检测监控机构,通常主要是由传感器和 BIT/BITE（机内测试/机内自检设备）组成各分系统的独立单元,是 PHM 系统的第一个环节。其主要作用是将检测或采集感知的被测非电量按一定的规律转换为某一种量值输出,通常是将电信号送到 PHM 单元级系统管理器中进行信号和数据处理。传感器检测的信号中,既含有反映各装备运行状态的信息,也含有各种干扰信息。为了从传感器检测的信号中尽可能多地获取反映装备运行状态的特征信息,传感器和 BIT/BITE 在检测和监控时选取包含信息量最多、敏感度最高、最能反映运行状态的信号作为特征信号。武器装备 PHM 系统中的模块/部件级 PHM 系统可以划分为动力系统、传动系统、液压系统、供电系统、电气系统等。

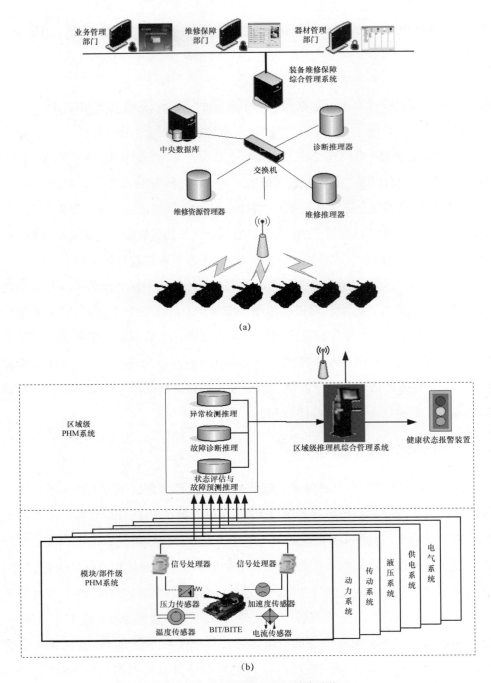

图 2-4 武器装备 PHM 系统结构

（a）系统级 PHM 系统结构；（b）模块/部件级 PHM 系统和区域级 PHM 系统结构

2.4.2 区域级 PHM 系统

区域级 PHM 系统通过获取模块/部件的数据特征信息，通过对特征层数据融合处理，获得与模块/部件状态相关的、能直接用于诊断的特征征兆信息，对通过特征提取后得到的征兆信息与知识库中的数据模型（如神经网络、云模型、SVR 模型等）规定的标准参数或标准模式进行比较，通过区域级推理机综合管理系统运用异常检测推理、故障诊断推理以及状态评估与故障预测推理，获取整个履带式车辆的健康状态及其变化趋势，实现单个武器装备的异常检测、状态监控报警输出、故障诊断以及寿命预测。当装备处于正常状态时，通过预测可以对装备未来状况做出趋势估计；对于异常情况，在发生故障时，根据故障的原因、特征，开展故障诊断，预测故障类型、所在部位、严重程度和所需的应对措施。将单个武器装备的健康状态监测结果实时传送至系统级 PHM 系统，为地面维修保障人力与维修的调度提供及时的依据。

2.4.3 系统级 PHM 系统

为了实现将车载 PHM 系统实时诊断结果信息、故障预测信息等转换为地面保障系统可直接执行的工作指令和维护引导信息，需要在武器装备 PHM 系统中建立地面处理中心，以实现对信息数据的接收、发送、处理、分析、综合和发布等功能。系统级 PHM 系统就是完成这一功能的核心机构，它与模块/部件级 PHM 系统和区域级 PHM 系统共同完成整个维修保障活动的联动。

系统级 PHM 系统以装备维修保障综合管理系统为基础，是一个颇具规模的计算机网络，包括中央数据库、维修推理器、维修资源管理器以及诊断推理器。

其中，中央数据库包括技术数据库和知识库两部分。技术数据库包括武器装备模块/部件的设计数据、运行日志、部件维修历史与健康信息、维修技术资料以及维修计划等；知识库提供推理所需要的各类异常检测、故障诊断、状态评估与预测模型（如物理模型、剩余使用寿命预测模型、人工智能模型、概率模型等）、故障词典、诊断知识与经验、维修方法/方案等方面的知识。

系统级 PHM 系统通过有线或无线传输实时接收武器装备群组中每台武器装备区域级 PHM 系统传回的与各个车辆相关的状态数据信息，通过装备维修保障综合管理系统，结合维修资源管理器、维修推理器、诊断推理器以及中央数据库中的数据信息进行综合分析处理，得到整个武器装备群组全面的故障诊断信息、健康状态评估信息和寿命预测信息，然后通过装备维修保障综合管理系统获取维修决策信息，自主触发各相关部门（如业务管理部门、维修保障部门、器材管理部门等）启动相关的维修活动，调度所需的车辆、人员和器材物资，形成协调、互动、快速反应的综合化维修保障系统，这正符合自主式保障的思想。武器装备系统级 PHM 系统结构如图 2-4（a）所示。

从信息的传输来看，武器装备 PHM 系统体系结构中包括 3 种信息流。

① 纵向数据流：从模块/部件级 PHM 系统层获取各个模块/部件的传感器信息、BIT 信息，经过区域级 PHM 系统层的推理和分析，得到单个武器装备的健康状态，然后将单个武器装备的健康状态经过有线或无线传输送至系统级 PHM 系统层，获得整个武器装备群组的健康状态，系统级装备维修保障综合管理系统综合利用这些信息对发生的故障进行及时处理。从模块/部件级 PHM 系统经过区域级 PHM 系统再到系统级 PHM 系统，是一个从数据、信息到知识的流动过程。

② 横向数据流：在同一 PHM 系统处理层次上，对于一个特定的部件/分系统来说，对低一层传送的数据分别进行融合处理，完成异常检测、故障诊断和故障预测等分析。

③ 反馈信息流：包括控制信息反馈流和知识信息反馈流。控制反馈使系统成为一个控制的闭环系统，实现系统的降级重构；知识反馈则使系统成为能够学习的闭环环境。

2.5 基于云模型和数据驱动的装备健康状态评估和故障预测

在人工智能领域，对知识和推理的不确定性主要分为模糊性（边界的亦此亦彼性）和随机性（发生的概率）两种。云模型把定性概念的模糊性和随机性完全集成到一起，实现了不确定语言值与定量数值之间的自然转换，构成定性和定量之间的映射，为定性与定量相结合的信息处理提供了有力手段。目前，云模型的应用领域已从最初的空间数据挖掘扩展到多种复杂系统的评估中，并在实际的评估工作中取得了良好的效果。

本书采用基于云模型的评估方法对装备健康状态进行评估，将装备健康状态评估的过程划分为三个阶段：评估准备阶段、评估实施阶段、评估分析与反馈阶段。上述阶段和步骤构成了装备健康状态评估的工作实施流程，如图 2-5 所示。

基于数据驱动的故障预测方法采用基于数据驱动的方法对装备发生故障的概率及状态变化趋势进行预测。其主要利用设备的历史工作数据、故障注入数据以及仿真实验数据等，通过各种数据分析处理算法进行趋势预测是目前应用比较广泛的预测方法。

基于数据驱动的故障预测方法可以分为基于特征演化的故障预测、基于机器学习/人工智能的故障预测和基于状态估计器的故障预测。基于数据驱动的故障预测的典型方法有时间序列分析、灰色模型预测、HMM 预测、神经网络预测、支持向量机预测、相关向量机预测等。

基于数据驱动的故障预测是一个数据采集、特征提取、趋势预测、故障识别的过程，如图 2-6 所示。

基于数据驱动的故障预测可以分为以下三个步骤。

① 预测样本数据准备和预测模型训练。将监测到的设备状态数据进行分析、特征提取后形成历史数据，结合故障注入数据或仿真数据等其他数据，构建用于故障预测的训练样本，并进行预测模型的训练。

② 趋势预测。将监测到的潜在故障状态信息进行分析处理，利用第一步建立的模型进行状态变化趋势和系统性能劣化趋势预测，得到表征设备将来状态的特征趋势数据。

③ 潜在故障识别。利用预测到的特征趋势数据进行故障模式识别，预测设备未来可能发生的故障或设备的剩余使用寿命。

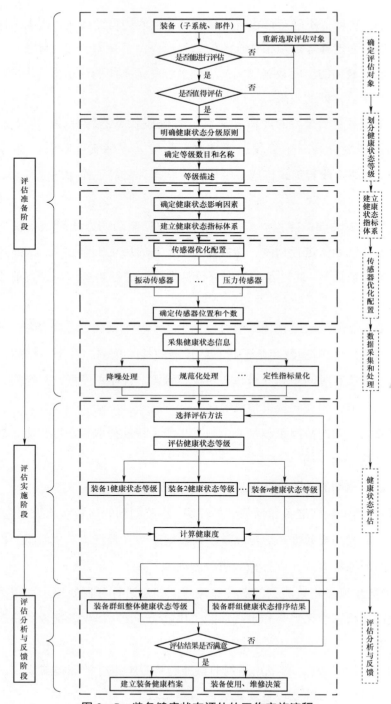

图 2-5 装备健康状态评估的工作实施流程

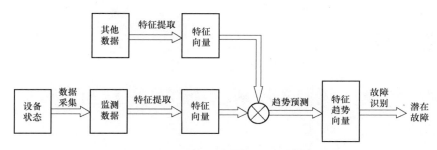

图 2-6 基于数据驱动的故障预测过程

2.6 本章小结

本章研究了典型的武器装备 PHM 系统，分析了 PHM 系统开放式体系结构框架和 PHM 系统核心能力，同时，为了使设计的武器装备 PHM 系统具有体制的适应性，对我军武器装备维修保障体制现状进行了分析。在此基础上，提出了武器装备 PHM 系统的总体建设方案，包括 PHM 系统的功能需求分析、设计原则；从技术角度建立了层次结构，划分为 5 层，分别为基础层、数据层、模型层、流程层和表现层，并对各层进行了详细说明。借鉴典型系统的建设方案，设计了武器装备 PHM 系统，划分成模块/部件级 PHM 系统、区域级 PHM 系统和系统级 PHM 系统三个层次并进行了设计，并最终形成武器装备 PHM 系统的总体方案设计，为下一步在工程实际中构建部队实用的装备健康管理系统提供了参考。

第 3 章
故障预测与健康管理系统相关标准与建模技术验证

3.1 故障预测与健康管理相关标准

近年来 PHM 发展迅速，美国军方、政府机构、工业界和学术界纷纷开展相关技术的研发工作，在不同领域的应用衍生了 CBM（美国陆军）、IVHM/ISHM（航天领域和商用飞领域）和 HUMS（直升机领域）等相关概念。由于缺乏较为成熟的 PHM 系统，实际故障数据获取困难，直接影响了 PHM 系统标准的起草和制定工作，目前 PHM 系统标准尚不完善。故障诊断和状态监控经过多年的发展应用，逐步形成了一套较为完整的标准体系用于系统的验证和产品的检验。由于故障预测与传统故障诊断和维护具有内在关联，有一些标准值得借鉴。国际标准化组织（International Standards Organization，ISO）、国际电子电气工程师协会（Institute of Electrical and Electronics Engineers，IEEE）、MIMOSA、美国汽车工程师学会（Society of Automotive Engineers，SAE）、美国联邦航空管理局（Federal Aviation Administration，FAA）和美国陆军（United States Army）等组织和机构陆续制定和开发针对 CBM/IVHM/PHM/HUMS 的标准和规范。这些标准从不同层面和不同角度对 PHM 系统的主要内容进行了规范。同故障预测与健康管理有关的主要标准和规范，如表 3-1 所示，按照不同类别可以分为 4 类，分别为 CBM 相关标准、PHM 相关标准、HUMS 相关标准、IVHM 相关标准。

表 3-1 PHM 相关标准和规范

标准组织	技术委员会	典型标准
ISO	TC108	CM&D 系列标准
MIMOSA	—	OSA-CBM，OSA-EAI
SAE	G-11r	CBM 推荐案例
	HM-1	IVHM 系列标准
	E-32	EHM 系列标准
FAA	HM-1	HUMS 系列标准
	—	AC-29C MG-15
IEEE	SCC20	IEEE Std 1232 系列标准 IEEE Std 1636 系列标准
	PHM	IEEE Std 1856—2017
美国陆军	—	ADS-79-HDBK

3.1.1 CBM 相关标准

1. ISO 标准

在 ISO 标准系列中，由 ISO/TC108/SC5 技术委员会负责的机器状态监测与诊断（condition monitoring and diagnostics，CM&D）系列标准已形成比较完整的标准族，并且已经取得了一定程度的应用。ISO 13374-1：2003 给出了 CM&D 系统的信息流结构，将 PHM 系统划分成 6 个处理模块：数据采集、数据处理、状态检测（status detection，SD）、健康评估、预兆评估（prognostic assessment，PA）、提出建议（advice giving，AG）。该标准描述了信息流中各模块的主要功能，并概括性地提出了通信方法和表达形式。在此基础之上 ISO 13374-2：2007 详细描述了各数据处理模块的输入、输出以及所执行的操作，为 PHM 硬件系统的搭建和软件模块的设计提供了指导。ISO 13374-3：2012（E）给出了在一个开放状态的监测与诊断参考信息框架下数据通信的具体需求，以及参考处理框架的具体需求，进一步简化了 CM&D 系统的内在关联。软件设计师需要在软件系统中通过定义通信接口来进行 CM&D 系统的信息交换。ISO 13381-1：2004（E）是关于预测的通用指南，重点论述了影响因子，预警、报警和死点的设置，多元参数分析和初始准则等预测的基本概念，对预测有效性和性能退化模型、预测过程、预测报告等进行了规定。

2. MIMOSA 标准

MIMOSA 已经发布两个标准：OSA – CBM 标准和企业应用集成的开放系统架构（open system architecture for enterprise application integration，OSA – EAI）标准。MIMOSA 的 OSA – CBM 是 ISO 13374 系列功能规范的一个应用，在它的功能模块基础上增加了数据结构，定义了 ISO 13374 系列标准中功能模块的接口，提供了一种 CBM/PHM 系统的标准体系结构。它的模块可以单独进行设计，符合 OSA – CBM 规范的模块之间可以实现无缝集成，从而简化了不同软硬件的集成过程。MIMOSA 的 OSA – EAI 定义了对装备各方面信息进行存储和移动至企业应用的数据结构，包括平台的物理配置，也包括可靠性和平台的维修，为维修和可靠性用户以及技术开发者和提供者提供了有利条件。

3. SAE 标准

2011 年 9 月 15 日，SAE 的可靠性技术委员会开始了一项 CBM 推荐实践（SAE ARP）标准正式的起草和制定，该标准为一个组织实施基于状态的维修给出了一条实现路径，它的起草标志着研究人员在经历了 CBM 架构制定和相关性能规范之后，开始向制定正式的应用规范迈进。

3.1.2 PHM 相关标准

1. SAE 标准

SAE 的航空航天推进系统健康管理技术委员会（E – 32）发布了一系列飞机发动机监控系统/健康管理系统的相关标准，形成了 EHM（发动机健康管理）标准族。该标准族可以分为 4 类：① 通用指南；② 使用寿命监控指南；③ 状态监控系列指南；④ 与地面交互系列指南。

该标准族主要包括飞机涡轮发动机的温度监控系统指南、振动监控系统指南和健康管理系统指南、发动机润滑油系统监控指南、发动机健康系统的效费分析和可靠性与验证等，全面指导飞机发动机系统的状态监控、故障诊断、故障预测与健康管理系统的使用设计和维护。以 SAE ARP 1587B 为例，它全面覆盖了发动机健康管理系统的整体构建，提供了一个宏观描述，强调了 EHM 的描述、优点和能力并提供了案例。

2. IEEE 标准

在各大标准组织中，IEEE 是最早开始从事测试和诊断相关标准制定的。目前与 PHM 有关的标准主要由 IEEE SCC20 下属的故障诊断和维护控制（fault diagnosis and maintenance control，FDMC）子委员会进行维护，相继建立了 IEEE Std 1232 系列标准（AI–ESTATE）和 IEEE Std 1636 系列标准（SIMICA）。2011 年 IEEE 又成立了电子系统 PHM 工作组，由该工作组负责 IEEE P1856 标准建设草案，明确提出要建立电子系统 PHM 框架，并于 2014 年完成提交。

（1）IEEE Std 1232 系列标准

IEEE Std 1232 系列标准简称 AI–ESTATE，适合所有测试环境的人工智能交换和服务标准。1995 年，IEEE 就通过并发布了 AI–ESTATE 标准，并于 2002 年和 2010 年进行了两次修订。该标准规范了测试系统与人工智能系统之间的接口，定义了测试和诊断信息，描述了故障诊断领域与系统测试和诊断相关的信息，确保了诊断信息在不同应用之间可以实现交互；支持模块化诊断结构，以及与测试相关的软件互动操作，能够利用 ISO EXPRESS 建模语言实现信息建模过程；定义了一系列软件服务，以实现诊断推理机在测试系统中的集成运用；随着对 PHM 的定义逐步细化，实现了对灰色健康信息的采集，从而支持对当前性能退化和未来失效过程的灰色推理，并可用于潜在故障检测。

（2）IEEE Std 1636 系列标准

IEEE Std 1636 系列标准简称 SIMICA，它定义了一系列的维修信息模型，主要包含两个附加标准，即 IEEE Std 1636.1 测试结果标准和 IEEE Std 1636.2 维护活动信息标准，为测试和诊断过程的信息交互提供了有力支持。其中，IEEE Std 1636.1—2007 利用测试历史信息（包括被测单元的标识、测量、测试边界、测试顺序、故障预报等），采用 XML 格式及其信息模型，提供了一种提高诊断和预测效果的方法。IEEE Std 1636.2—2010 重点针对维护过程提供一种 XML 方案和一种信息模型，便于扩展到 PHM 领域中。

3.1.3 HUMS 相关标准

1. SAE 标准

SAE 的航空航天推进系统健康管理技术委员会为 HUMS 系统开发了一系列标准，规范了 HUMS 的评估指标、各种机载传感器接口规范、数据交换标准等，提高了传感器之间的互换性和可用性。

2. FAA 标准

FAA 标准的咨询通告（advisory circular，AC）AC-29C MG-15 是旋翼机健康和使用监控系统的适航性建议，主要为 HUMS 的安装、合格验证和 HUMS 应用提供全覆盖持续适航性指南。该标准给出了相关的定义、验证方法、安装、信任验证、持续适航性的指令和 HUMS 的其他需求等相关实施步骤。它创建了一种通用的方法，不只用来验证旋翼机 HUMS。AC-29C MG-15 主要面向大多数复杂且昂贵的 HUMS 系统，其他系统也可以使用该部分的内容来实现。

3. 美国陆军

在 SAE HUMS 系列标准的基础上，美国陆军于 2010 年形成并发布了 ADS-79C 手册，适用于美国国防部的所有机构和单元。该手册描述了美国陆军的视情维修系统，定义了陆军飞机系统和无人机系统实现 CBM 目标的必要指南。

该手册主要内容包括 HUMS 适用的范围、定义、通用指南（嵌入式诊断、疲劳损伤监测、模式识别、疲劳损伤修复、基于地面的设备和信息技术）、具体指南（专家系统、技术和科技信息、数据采集、数据操纵、状态检测、健康评估、预测评估、建议产生、修改维修间隔指南、CBM 管理计划），以及 HUMS 如何进行应用。在该手册附录中分别给出了疲劳寿命管理、验证模式识别算法来进行模式识别和飞行状态划分，确定环境指标/健康指标最小范围的方法，基于振动的故障诊断，数据完整性，故障注入测试等。

3.1.4 IVHM 相关标准

SAE 的 IVHM 技术委员会建立的目的就是在 SAE 技术标准项目中，协调并融合健康管理标准化工作，映射和监控 IVHM 相关的标准、实例和行为，了解未来需求，为 IVHM 设定健康管理标准的路线图，并通过标准路线图来深化 IVHM 技术进步，从而推动 PHM/IVHM 系统发展，同时也为标准提供建议方法。该技术委员会提出的指标转换开发过程：① 提出标准草案；② 进行标准草案开发；③ 对标准草案进行投票，第一轮是委员会自身，第二轮是航空顾问委员会；④ 根据需要做出变化，确认投票；⑤ 由 SAE 发布标准文档。

现有装备由于存在接口设计标准不一的问题，产生了庞大的维护保障资源浪费，不利于装备效能的发挥。只有实现标准化，才能够具备更好的互操作性来降低成本，最大限度地避免重复性系统设计工作。

3.2 故障预测与健康管理系统建模技术研究

故障预测与健康管理（PHM）系统的研究已经成为国内外装备研制过程中的研究热点，典型的有美国 JSF 项目的 PHM 系统。作为 PHM 系统研制过程中的关键技术，系统建模适用性、有效性、可信度直接关系到 PHM 系统能否在实际中应用。PHM 系统建模是指通过对构成 PHM 系统的各个要素进行分析，建立一个完整的能够获取、处理及分析数据并且能够给出观测对象健康状态及剩余使用寿命的系统模型。具体建立方法是提取与观测对象健康状态相关的特征参数，得到特征参数与系统健康状态之间的关系模型，从而完成观测对象的健康状态预报和剩余使用寿命预测。PHM 系统建模方法主要有 3 种：基于数据的方法、基于模型的方法和基于知识的方法。3 种方法各有优缺点，很多情况下是将这些方法结合使用。

3.2.1 基于数据的 PHM 系统建模技术

基于数据的方法是直接根据对系统工作的监测数据进行推论。通常采用基于统计和学习的模式识别技术进行健康状态预报，采用传感器监测与系统或部件健康状况的相关信号。这种方法以系统的统计特征不变为前提，预报和诊断的准确性完全取决于获取的系统数据的质量。数据分析是状态预报的关键环节。在 PHM 研究中常将数据分为两类，即事件数据和状态数据。事件数据直接与发生的故障或失效事件相关，如监测到发动机过热或没有润滑油时，不用进行过多的分析就可以得出发动机即将失效的结论。对事件数据的分析相对简单，但随着事件涉及因素的增加也会变得复杂。对事件数据的分析常采用主要部件分析法和独立部件分析法等多变量的统计分析技术。状态数据是连续的数据，反映系统或部件的性能随时间变化的情况，如发动机的振动数据可以预示发动机轴承的磨损状态，通过对振动数据的大量搜集和分析可以得到对其失效的预报。对状态数据的处理是从原始数据中提取有用信息的过程，这个过程称为特征提取。有很多数据处理和分析方法可以用于特征提取，包括时域分析法、频域分析法和时频分析法，具体选用何种方法要根据问题的性质决定。

3.2.2 基于模型的 PHM 系统建模技术

基于模型的方法是假定系统的模型可以通过不断地监测实际系统的状态和模型的残差（residual）来判断系统的健康状态。故障门限值可以采用统计方法确定，而生成残差的方法可以采用参数估计、观测器和奇偶相关（parity relation）等方法。基于模型的方法的优点是将系统的物理结构和监测数据有机地结合起来，同时将系统的特征向量和模型的参数密切关联。这种方法的主要缺点是复杂系统的建模比较困难，有时甚至不可能建模。机械系统的诊断研究很多采用了基于模型的途径，在这种途径中作为故障出现指示的残差生成的计算一般使用 Kalman 滤波、参数估计和奇偶相关法进行，然后再对这种残差进行评估，最终达到故障检测、隔离和识别的目的。这一过程如图 3-1 所示。

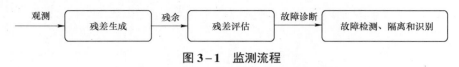

图 3-1 监测流程

基于模型的 PHM 系统建模技术有两种主要的预测类型：一种是 RUL 预测，另一种是预测无故障运行的间隔时间。RUL 是对信号的一种统计处理，一般给出它的分布或数学期望。要进行预测一般需要两方面的知识：故障传递和失效机理。故障传递过程常用一定状态变量的预测模型跟踪。而失效机理则有两种描述方法，第一种是假定故障仅取决于反映故障级别的状态变量；第二种是使用历史数据变量为失效机理建立一个模型。与故障诊断类似，预测算法也分为 3 类，即概率途径、人工智能途径和模型途径。HMM 是 RUL 估计中的一个有效工具。使用自组织神经网络的人工智能技术已成功地用于轴承的 RUL 预测中。基于模型的 PHM 系统建模技术在实际工程应用过程中的很多情况下无法获取对象精确的数学模型(如运动学模型、动力学模型等),限制了基于模型的 PHM 系统建模技术应用。而基于知识的方法仅需要领域专家的经验知识,不需要对象的数学模型,因此成为一种比较有前途的发展方向。目前基于知识的 PHM 系统建模技术主要包括专家系统和模型逻辑等方法。

3.2.3 基于知识的 PHM 系统建模技术

实际工程应用过程中,很多情况下无法获取对象精确的数学模型(如运动学模型、动力学模型等),限制了基于模型和数据的 PHM 系统建模技术的应用。而基于知识的故障预测是在没有足够多的传感器的情况下进行状态感知,或在缺少数学模型的情况下,依据装备发生故障的历史数据和专家经验对装备的使用寿命进行评估或对可能出现的故障做出预测。目前基于知识的 PHM 系统建模技术主要包括专家系统和模型逻辑等方法。这种预测方法适合于定性推理而不太适合定量计算,其所需的成本较少,但预测结果可信度不高。对可靠性较低的简单设备进行故障预测,通常将其与其他技术相结合(如与神经网络结合的故障预测),以期获得更好的应用效果。

3.3 故障预测与健康管理系统验证技术

随着传感器技术、嵌入式计算和故障诊断技术的快速发展,PHM 技术引起了国内外越来越多科研院所和军工部门的关注。PHM 技术是对复杂系统传统使用的机内测试和状态(健康)监控能力的进一步扩展,是从状态监控向健康管理的转变,这种转变引入了对系统未来可靠性的预测能力,借助这种能力识别和管理故障的发生、规划维修和供应保障,其主要目的是降低使用与保障费用,提高系统安全性、完好性和任务成功性,从而以较少的维修投入,实现视情维修和自主式保障。

在我国,PHM 技术在无人机、导弹和雷达等复杂系统的设计和维修保障中得到了广泛的关注和研究。作为一项改变未来复杂系统设计理念和维修保障策略的关键技术,目前的研究热点主要集中在建立故障预测模型、设计故障预测算法、实现故障预测与健康管理原型系统等。如何对提出的模型、算法和原型系统进行验证和确认是一个非常具有挑战性的问题。

3.3.1 PHM 验证与确认的框架结构

验证与确认是 PHM 系统设计过程中一个非常重要的阶段,通过全新途径开发相应验证与确认方法将提高 PHM 系统认证的可信度,有效减少人力需求、拓展系统功能、提升技术水平。可以看出,验证与确认贯穿整个 PHM 系统的研发过程。在 PHM 系统设计之初,首先要针对特定系统进行可行性研究;其次根据应用对系统进行操作定义,明确系统需求;最后进行高层设计和详细设计,完成软硬件开发和实地安装。在设计阶段主要进行系统建模和测试,不断促进验证和确认工作的完成,对验证和确认方案进行修正,完成对系统的集成和重构,并选用优化的方法进行测试和分析。在实际操作和维护过程中,不断对其可行性和定义研究进行反馈修正,从而完善验证和确认过程。

3.3.2 PHM 验证与确认的关键支撑技术

随着 PHM 技术的快速发展,验证与确认方法的研究也逐渐引起了国内外学者的关注。在国外,特别是在美国国防高级研究计划局(Defense Advanced Research Projects Agency,DARPA)的资助下,以美国国家航空航天局为代表的一些科研院所纷纷致力于该项研究,并取得一些成果。在国内,由于 PHM 系统尚处于关键的转型开放阶段。通过查阅现有文献资料,PHM 验证与确认方法的研究主要包含以下 3 种关键支撑技术:PHM 验证方法和性能评估、PHM 原型验证系统和 PHM 不确定性管理。

1. PHM 验证方法和性能评估

当故障预测算法逐步运用到监控飞机的结构状态、电子系统、作动器、供电系统、推进系统等领域以后,如何选择合理的验证方法和性能评估指标成为各国学者争相研究的对象。采用预测验证方法带来的挑战:① 通过实际工作来理解故障机理;② 从大量实例中建立故障数据库,查找对应关系;③ 在目标系统建立预测分析，主要从传感器、算法和趋势上进行分析。预测验证方法分为开放性演示、分析、建模和仿真、加速试验。上述方法可以归结为一个循环：概念—评估—演示—制造—服务—提议。在确定相应的验证方法以后，就必须选择一组指标对故障预测算法性能进行评价。PHM 作为故障诊断的最高阶段，一些传统用于故障诊断的性能指标并不能很好地体现 PHM 的优点和特点，需要建立新的性能评估指标。在选择指标时需要关注以下两点：一是预测时间范围在不同故障预测算法的不同应用中有所不同，因此选择的指标必须认识到预测范围的重要性；二是当一个故障能够带来破坏性影响时，它的预测时间应该提前。其目的在于根据需求选择指标集，并对不同的故障预测算法进行评价，从而选择最适合的算法。性能指标不仅是一种用来衡量算法好坏的工具，还有如下优点：一是根据现有监测参数和状态反映系统内在和外在的性能表现；二是创造出一种标准化语言，使技术开发人员和用户相互交流并对结果进行比较，有助于加快系统的研发过程；三是作为一种闭环的反馈研究开发工具，能够最大化或最小化客观功能。

在国外，相关研究院所和研究人员展开了积极研究。J. Kevin Line 以信任等级和故障周期来判断，在多高的精度范围内成功预测成为评估算法的性能指标，主要包含两个因素：一是通知时间，即故障发生前的最小估计时间；二是最小表现，即可以提高现有预测算法的工作间隔。Bruno P. Leao 等从性能指标与 PHM 系统需求、设计和效费比之间的关系入手，在完善 J. Kevin Line 的研究成果的基础上，提出了以下 3 种指标：一是精确度，即剩余使用寿命落在哪个置信区间；二是准确度，即估计故障时间与实际故障时间的差值；三是预测估计，即用置信度来估计部件或系统的剩余使用寿命，并结合实例进行了仿真验证。但是，这些指标大多来自财经方面的预测指标，而不是专门为复杂系统故障预测定制的指标。正是基于这种原因，Abhinav Saxena 等根据不同的应用场景，将故障预测的性能评估指标分为科学的、管理的和经济的 3 类，并指出离线和在线状态下指标的不同表现及象征意义。在分析传统性能指标的基础上给出了 4 种新指标，并利用指标对电源故障预测算法进行验证和评估。John W. Sheppard 等则从建立 PHM 标准体系入手，通过介绍现有 IEEE 的故障诊断标准及测量测试标准如何支持 PHM 的应用，明确了 PHM 标准体系的发展方向。

在国内，也有学者开展了相关内容的研究，比较有代表性的有：北京航空航天大学的徐萍等围绕 PHM 系统故障检测、故障隔离、故障预测和剩余使用寿命预测提出了相应的验证方法步骤和性能指标评估，并构建了验证评估体系，包含 PHM 需求量化、PHM 能力评估等；中航综合技术研究所的 Zeng Zhaoyang 等针对机载 PHM 系统的相关标准、系统功能和工作流图进行了详尽分析，根据机载 PHM 系统结构特点和不同阶段系统的设计需求，先后提出了 BITE 传感器、区域管理和全局管理的性能指标需求，建立了性能指标体系，并推导了一套层次验证、总体评估的验证方法。但是上述研究都停留在理论研究层面，没有在具体的故障预测算法和 PHM 系统设计中得到验证。

2. PHM 原型验证系统

故障预测算法设计完成后，如何对算法进行评估验证一直是困扰众多研究人员的问题。由于 PHM 系统受环境因素影响较大，现有的故障预测算法仅仅针对故障数据进行曲线拟合，而不考虑算法实际的运行条件，很难通过计算机仿真的形式来对算法进行客观评价。基于上述原因，国内外的研究人员开始致力于 PHM 原型验证系统的设计与实现，运用故障注入技术或加速试验技术为故障算法提供可靠的验证和性能评估平台。

目前 PHM 原型验证系统按照作用对象大体可以分为两类：一类是 PHM 硬件验证系统，另一类是 PHM 软件验证系统。而在实际研发过程中，这两种系统相互联系，共同完成对故障预测算法的验证和性能评估。在国外，英国拉夫堡大学（Loughborough University）针对航天和防御系统复杂性的不断提高，建立了一种先进的诊断测试平台和相应的故障诊断工具，借助于原型系统，可以完成对不同故障诊断和隔离算法的验证和评估，减少维修费用并提高系统可靠性。美国智能自动化公司（Intelligent Automation Corporation，IAC）联合美国空军和陆军针对发动机健康监测开发了一套用来演示数据采集和数据融合技术的测试平台。该分布式健康管理系统采用信号融合和信息处理的组合算法来完成对发动机和飞机的故障诊断和预测，并支持采用实际数据开发新的故障诊断和预测算法。作为美国陆军振动管理加强项目（vibration management enhancement program，VMEP）的一部分，美国 IAC 又开发了一套数据采集测试平台，主要运用直升机振动和发动机性能数据来开发验证故障诊断和预测技术。以佐治亚理工学院（Georgia Tech）和范德比特大学（Vanderbilt University）为代表的多所大学和美国 NASA 的艾姆斯研究中心（Ames Research Center）共同设计开发的 ADAPT 原型验证平台，采用电源系统为研究对象，进行故障诊断、容错、应急保护和故障预测算法的开发与验证工作。在软件验证系统方面，M. J. Roemer 等设计了一个基于 Web 的软件来验证 PHM 系统，在系统设计中就能将 PHM 系统不同层面的不确定性量化融合，对 PHM 系统进行评估，建立估计信息的不确定性。该验证平台提供不同故障预测算法的性能信息，在信息源选取过程中对故障预测算法进行性能评估和有效性比较，为 PHM 系统设计者提供了一种标准的评估方法来不断完善现有设计。

在国内，北京航空航天大学的谢劲松等组成的课题组研究设计了一套 PHM 系统硬件验证平台，该平台能与现有的机载系统实现便捷的融合，通过基于失效物理的数据处理和故障诊断单元实时分析健康状态，对于采集到的异常信号进行初步的故障诊断。该课题组还设计开发了一种面向 PHM 系统的无线传感器网络原型验证系统，利用无线传感器网络在数据采集、传输和处理方面的优势，很好地解决了现有系统中存在的故障数据不易获取、传输困难和后期处理受限等问题。

3. PHM 不确定性管理

故障预测算法按研究对象主要可以分为 3 种：① 基于模型的方法；② 基于数据的方法；③ 基于融合的方法。不管采用哪种方法，PHM 系统在模型建立、数据采集、传输和处理等过程中都存在不确定性问题，由于故障机理是一个随机过程，预测过程本身也会产生误差。这就增大了系统不确定性因素，主要包括系统建模和故障预测模型的不确定性；由传感噪声，不同模式下传感探测和去模糊化及数据处理、估计和简化带来的信息缺失而导致的测量不确定性；运行环境不确定性、未来负载不确定性（根据使用历史数据的多样性，无法预见未来的状态）、输入数据不确定性。这些不确定性问题给故障预测算法的设计实现以及验证和性能评估带来了很大的困难,必须对其可能存在和出现的各种不确定性进行管理,以降低其带来的负面效应。

一个理想的不确定性管理方法包括物理模型、不确定性量化和产生、不确定性升级、验证和确认。而开发基于物理的故障模型主要有以下优点:提高预测的准确性;减少模型标定需求和不确定性;在未知负载的情况下增强预测性能;获取故障机理知识来减少模型不确定性。验证和确认提供了一种用来精确评估模型性能和不确定性管理的方法,从而能够有效设计和实现 PHM 系统。

在国外,PHM 不确定性管理的研究与故障预测算法的研究是同步进行的,通过提出一种不确定性管理的框架,重点研究不确定性的量化和产生算法,主要运用 D-S 证据理论、概率论、神经网络和 PF 等方法来进一步增强系统的可靠性。在国内从事 PHM 不确定性管理方面的研究比较少,大多是针对它的来源和分类,并未提出相应的解决方案。

3.4 故障预测与健康管理验证和确认的实现

PHM 作为一项新兴的交叉边缘学科,在验证和确认环节还存在一些关键问题没有得到解决,也给研究人员带来了很大的挑战,它的实现途径主要体现在以下两个方面。

3.4.1 验证方法的选择和评估标准体系的建立

PHM 技术已经在广泛的工业领域得到了一定程度的应用,由于 PHM 系统是面向对象建立的,不同的应用需求通常需要不同的 PHM 系统,其验证方法也有所不同。如何针对应用需求选择合适的验证方法,已经成为 PHM 验证和确认过程中比较重要的环节。采用仿真验证代价较小,但不能很好地体现环境因素对系统的影响;实物验证虽然能够真实反映系统运行的实际状态,但是开销大、耗时长,不适合一般的验证和确认工作。从国内外公开资料看,半实物仿真验证方法是解决无实际设备支持下开展验证方法研究的最佳途径，它能够综合二者的优点，进一步完成验证工作。在半实物仿真试验中，其数学模型仅描述某些不宜用实际部件接入的部分，由数字仿真计算机实现，而其他系统部分采用实物，构成闭环控制实时仿真环境。这样降低了仿真建模的难度，避免了某些元器件建模不准而造成的仿真误差，提高了全系统的仿真置信度。特别是在面向机载系统 PHM 设计时，半实物仿真就显得十分重要。

各国研究人员对 PHM 技术进行深入研究，提出了许多针对不同领域的故障预测算法。如何对其性能进行比较评估，从而根据实际应用选取最优算法，逐渐成为困扰研究人员的主要问题，缺乏统一的评估标准体系将有碍于故障预测算法的进一步深入研究。但指标也是一把双刃剑，在大多数情况下，都是根据实际可测量来设置性能指标，这样反而限制了对故障预测算法的评估。在我国，还存在有些研发部门既是 PHM 系统的设计开发者，又是验证者和评价者的问题，很难对 PHM 系统做出公正有效的验证和评估。

3.4.2　PHM 原型系统的功能有待提升和完善

PHM 原型系统作为一种用来验证和评估故障诊断和预测算法的核心技术，能够通过故障注入技术进行算法的加速试验，从而在理论研究和工程应用之间搭建桥梁。而现有的原型系统多数只具备数据采集和处理功能，不能很好地实现故障预测算法的验证和评估。

现有 PHM 原型系统大多存在内部交联关系复杂、功能简单且尚未考虑模拟实际系统运行下的环境因素等问题，给原型系统的验证带来一定的不确定性。软件验证平台和硬件验证平台之间没有得到很好融合，对 PHM 算法的性能评估方法较为单一，给 PHM 原型系统的发展带来了一定的影响。如何利用现有技术解决新问题，采用有效的故障注入技术，开发对应的分析方法，设计硬件平台对应的软件架构，完成对原型系统功能的进一步扩展，成为目前研究的重点。

PHM 验证和确认是贯穿 PHM 系统设计的一个重要环节，作为其核心支撑技术的验证方法和性能评估，原型系统的研究与设计以及不确定性管理需要进行深入的研究。

3.5 故障预测与健康管理系统的验证方法应用

3.5.1 飞机 PHM 系统建模

飞机系统结构复杂，按功能可以划分为机电系统、航电系统、机体结构、发动机等，每个功能又可分为多个层次，如机电系统可以分为液压系统、操纵系统、环控系统、机轮刹车系统等，其中液压系统则包括液压泵、伺服阀、蓄压器、管路等。依据飞机系统本身的分层结构特点，飞机 PHM 系统模型在设计和开发过程中也可以是分层的。飞机 PHM 系统的分层体系模型，将 PHM 划分为飞机平台级、区域级和成员级，各个层级 PHM 之间提供独立的、标准的软硬件接口形式。其中，区域级包括机电系统、结构系统、航电系统等，成员级则包括液压系统、环控系统等。飞机平台级 PHM 主要用于获取整个飞机系统的健康状态及其变化趋势，并报告给相关的人员，同时，还提供必要的接口，以便与机下 PHM 部分进行交互，也可在飞行过程中将系统状态监测结果实时传送至地面维修保障系统，为地面维修安排提供依据。区域级 PHM 主要用于获取不同成员的数据，利用模型库中的知识确认并隔离成员级故障及预测剩余使用寿命。成员级 PHM 是部件健康管理方法的实施者，能够获取被测部件的数据并进行融合处理，实现部件的故障诊断及寿命预测。

分层结构的优点是某一节点出现故障不影响其他节点的正常工作，比集中式结构的可靠性更高。对于各个层级而言，可以采用基于数据、基于模型和基于知识的系统建模方法中的一种，也可以结合使用。综合推理机提供 3 种形式的推理机：异常检测推理机、故障诊断推理机及故障预测推理机。异常检测推理机用于对异常行为进行分类，并输出异常诊断结果；故障诊断推理机用于实施故障隔离；故障预测推理机用于实现寿命预测。

3.5.2 飞机典型部件 PHM 系统建模分析试验验证

飞机液压系统成员级 PHM 是在各个部件（如液压泵、伺服阀、管路等）PHM 研究成果的基础上开发的，因此本书以飞机液压系统典型部件液压泵为例，采用基于数据方法实现了液压泵 PHM 系统的建模，并进行试验验证。

图 3-2 反映了典型部件级 PHM 系统建模过程，描述了 PHM 的整个检测流程，从前端的传感器及数据采集模型的建立，到最后的剩余使用寿命预测和保障决策模型的建立，是一个比较完整的 PHM 建模过程。PHM 模型主要包括数据采集模型、特征提取模型、健康状态预报模型和剩余使用寿命预测模型。

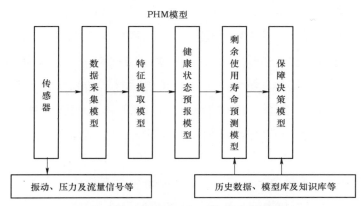

图 3-2 典型部件级 PHM 系统建模过程

1. 基于小波的故障特征提取算法研究

特征提取主要是根据信号类型，采用各种数据处理算法，提取与健康状态相关的各类特征参数。近年来，小波变换被广泛应用于信息提取。小波分解能够随信号的不同频率成分，在时域自动调节采样的疏密，可观测到信号的任意细节，为提高信噪比和分辨率，进行故障诊断提供了有效手段；小波可以对被测信号的不同频率成分进行细化和分离，从而得到有用的频率成分，是一种较好的特征提取方法。

将小波分解的过程进行迭代，就可以获得多层小波分解，称为多分辨率分析，或多尺度分析。详细地说，在实数域 R 上平方可积空间 $L^2(R)$ 内的函数 f，可以描述为一系列近似函数的极限函数，这些近似函数都是在不同的尺度上得到的，每一个近似函数都是对函数 f 的平滑，而且是越来越精细的近似函数。利用小波变换对信号进行多分辨率分析包括两个过程：信号分解和信号重构。小波变换相当于组滤波器，近似分量为分解出的信号低频分量，而细节信号则对应了信号的高频分量。虽然小波分解是一个迭代过程，理论上可以无限地分解下去，但是在实际应用中，分解到一个有限层数就能够满足信号处理和分析的需要了。

由于通过泵出口检测到的故障信号常被干扰信号淹没,单一故障检测信号呈现出很强的模糊性。因此,基于小波的故障特征提取,是得出被测信号的频率范围,由此作为小波分解中各频带成分被保留或衰减的依据。选择适当的分解层次,利用正交多分辨率分析对信号进行小波分解,根据先验知识将小波分解系数中被测信号频率范围之外的小波系数强制性地置 0,然后再利用修改后的小波分解系数进行小波重构,从而实现信号中故障特征的提取。针对液压泵的壳体振动数据采用 db5 小波分解算法,分解层次为 5 层,取前 2 个频段(0～1 500 Hz)的小波分解信号进行重构(泵的基频为 175 Hz,8 倍频为 1 400 Hz),得到新的信号,覆盖了有用频率成分,去除了无用的噪声信号。对小波重构信号进行功率谱分析,取功率谱中的基频峰值至 8 倍频峰值附近能量(±10 Hz 范围内的谱面积)作为特征信号。

2. 基于 HMM 的健康状态预报算法和剩余使用寿命预测算法

HMM 是一种用参数表示的用于描述随机过程统计特性的概率模型,是一个双重随机过程,由两个部分组成:马尔可夫链和一般随机过程。其中马尔可夫链用来描述状态的转移,用转移概率描述;一般随机过程用来描述状态与观察序列之间的关系,用观察值概率描述。对于 HMM,它的状态转换过程是不可观察的。HMM 之所以得到了广泛应用,是因为这种模型既反映了对象的随机性,又反映了对象的潜在基本结构,便于利用被研究对象的直观先验知识;另外,HMM 具有严格的数学结构,算法易于通过软硬件实现。

健康状态预报和剩余使用寿命预测首先应对观测对象的健康状态进行分类,例如,健康状态可以用正常、性能下降及失效等状态模式来划分,然后利用特征提取结果作为状态预报算法输入进行状态识别。对于液压泵磨损故障来讲,其是一个渐变过程,可以将其状态变化过程作如下划分。

① 良好、无磨损:为新投入使用的设备。

② 轻微磨损:输出功率有一定下降,功能有一定下降,但能正常工作,可以降级使用。

③ 中度磨损:功能下降,不能满足性能要求,需要拆卸维修。

④ 重度磨损:表示已经达到报废的程度。

对这 4 种状态之间的状态变化过程,HMM 能够通过状态转移矩阵描述液压泵的状态变化过程。

状态预报算法采用 HMM，针对训练样本采用 Baum-Welch 算法进行训练，得到 HMM 参数，采用 Viterbi 算法对测试样本进行识别，以确定液压泵的健康状态。

剩余使用寿命预测主要根据历史数据和当前特征数据，依据 RUL 预测算法，来预测部件的剩余使用寿命。

针对液压泵采用 HMM 实现 RUL 预测。剩余使用寿命由从当前状态到失效状态的状态数和每个状态的保持时间决定。已知设备的 HMM，可以知道剩余的状态数。因此，剩余使用寿命预测的关键是估计状态保持时间，也就是要检测出状态切换的时间点。状态切换点的计算比较直观，通常利用 Viterbi 算法，实时对检测到的新观测数据序列进行计算，获得健康状态数据，若发现新的状态与原来的不同，就说明状态发生了变化。通过泵的 HMM 训练过程，得到能够识别 4 个磨损状态 HMM 的同时，也可以得到每一个状态在持续时间内的均值和方差以及状态之间的迁移概率。针对每一个测试样本，在确定健康状态后，分别采用向后迭代算法，得到相应泵的剩余使用寿命。

根据上述考虑，剩余使用寿命预测过程可以归结为如下步骤。

① 从 HMM 的参数估计过程，得到 HMM 的状态转换估计。

② 通过 HMM 的参数估计过程，得到每个状态周期的概率密度函数，计算出每个状态周期的平均值和偏差。

③ 通过分类算法，识别当前的健康状态。

④ 通过向后的迭代运算，计算出设备的剩余使用寿命。

第 4 章
装备健康状态评估流程设计和评估指标体系构建

装备健康状态评估是健康管理的一个重要环节,装备健康状态评估不仅是一项工程技术工作,而且它自身也是一个涉及多个阶段的复杂过程,是一项需要周密组织、逐步实施的管理活动。因此,应该对其具体的实施过程进行系统的分析,弄清健康状态评估的具体步骤。这对于健康状态评估的顺利进行具有十分重要的作用。

为了更好地开展装备健康状态评估工作,本章从确定健康状态评估对象入手,界定装备群组和健康状态评估的内涵,在一般健康度定义的基础上,提出相似健康度的概念,构建健康状态评估的总体框架,详细分析健康状态评估的工作流程,为装备健康状态评估奠定理论基础。在分析评估指标体系构建原则的基础上,结合装备健康状态的影响因素,建立自行火炮发动机健康状态综合评估指标体系,为下一步健康状态综合评估模型验证提供数据支撑。

随着维修理论的深入发展,健康状态评估技术大致经历了状态监测—技术状态评估—健康状态评估的发展过程。为了明确装备健康状态评估的概念,首先介绍几个相关的概念。

本书所评估的对象装备群组是一个狭隘的概念,指在一定的系统中,完成相同功能且在相似的运行环境下工作的多个同种或同类装备的集合体。装备群组既可以是完整的装备组成的装备群组,例如,某建制下的××自行火炮群组、××坦克群组、××防空群组等;也可以是装备的某种重要部件组成的装备群组,例如，××自行火炮发动机群组、××自行高炮自动机群组等。同样，装备群组包含的范围可大可小，可以是部队一个作战单元营（连）为单位配备的某类装备，也可是师（旅）团为单位配备的某类装备，乃至整个集团军或战区配备的某类装备。

4.1 装备健康状态评估的内涵

健康状态评估是近些年才出现的一个工程术语，这一术语是随着 CBM+、PHM 在军事、航空航天等领域的推广应用而出现的。

4.1.1 健康状态

健康状态描述了产品及其子系统、部件执行设计功能的能力。

装备的健康状态或健康水平，可以通俗地定义为装备及其子系统的整体状态，也就是说，装备健康描述的是装备状态。而装备状态是其系统、子系统以及部件在执行其设计功能时所表现的能力的描述。装备根据其系统、子系统以及部件执行设计时规定的功能时的表现，可以描述为正常、不正常情况下不同程度的性能下降以及装备功能失效等几种装备健康状态。复杂系统健康可以用一个标量——健康指数（health index，HI，值域为[0，1]）表示。系统完全工作正常，不存在故障时其健康指数为 1；系统完全损坏（系统全部的功能和独立的子系统全部损坏），健康指数为 0；系统性能下降，健康指数介于 0～1。

正常：装备正常指该装备拥有其正常的工作行为。装备的正常行为是指装备在无故障条件下的行为。装备通常由于其子系统或部件出现一定的故障而导致其工作状态发生改变。装备状态改变的结果表现为装备性能下降直至最终功能失效。

性能下降：装备性能下降是介于装备正常与功能失效的一种装备状态。装备性能下降是指装备能完成其部分正常功能，但完成的功能指标与装备的正常状态存在较大的偏差。这种偏差的大小反映了装备性能下降的程度。

功能失效：装备功能失效是指由于其子系统或部件出现故障导致整个装备无

法完成其正常的功能,是通常意义上所指的"装备故障"。从装备健康的角度来说,当装备功能失效时,其健康指数不一定为0。因为装备的功能失效可能是由于其某个子系统或部件出现故障引起,而此时装备的其他子系统或装备工作可能依然正常。

随着装备工作时间的推移,装备健康状态表现为一个从装备正常到性能下降直至功能失效的过程,这个过程称为装备健康退化过程。针对健康退化过程,建立状态预测理论应对早期故障检测能力,并实时监测其劣化过程。通过设置适宜的特征参数检测阈值,预报可能出现故障的时间。技术状态变化规律是装备保障需求分析与预测的依据。图4-1为装备健康状态退化曲线。

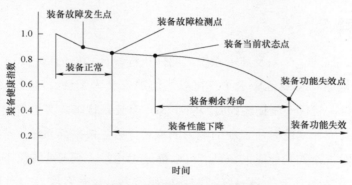

图4-1 装备健康状态退化曲线

4.1.2 技术状态评估

装备技术状态评估主要是根据有关标准、算法和经验对在线或离线采集到的数据进行综合分析,应用综合评定方法对其技术状态做出评估,从而确定装备当前的运行技术状态。

4.1.3 健康状态评估

装备健康状态评估是根据安装的传感器测量的数据、人工测量的数据、历史数据等进行综合分析,综合考虑装备的使用、环境、维修等因素对健康状态的影响,利用各种评估算法对装备当前的健康状态进行评估,并对装备未来的健康状态进行预测的一种技术。因此,装备健康状态评估主要包括两方面的内容:一是对装备当前的健康状态进行综合评估；二是对装备未来的健康状态进行预测。通俗地讲，装备健康状态评估是一种给装备"体检"的技术。

本书所研究的装备健康状态评估主要包含以下几个方面的含义。

① 健康状态评估既是对装备当前状态的一种评估，也是对装备未来健康状态的一种预测。

② 健康状态评估不仅要定性了解装备当前所处的健康状态等级，而且要从定量的角度掌握装备的健康程度大小。

③ 装备健康状态预测不是对剩余使用寿命进行预测，而是预测未来所处的健康状态等级和健康度的大小。

④ 健康状态评估不是主要分析装备会发生什么故障，而是从总体上把握装备性能的好坏程度。

4.1.4 健康状态评估与技术状态评估的相互关系

根据健康状态评估的定义可知，装备的健康状态评估技术是与状态监测技术、技术状态评估技术息息相关的。在进行健康状态评估时，各种状态监测技术是获取装备健康状态特征参数的重要手段，各种技术状态评估方法可为健康状态评估的实施提供借鉴和参考。

技术状态主要是从装备自身的角度来考虑的，描述的是装备具有或达到某种技术特性的能力；健康状态不仅考虑装备自身的技术状态，同时还考虑装备的使用、环境、维修等事件，它描述的是装备执行设计功能的能力，而且这种执行能力是持续的。具有某种能力只是能够执行这种能力的先决条件，从这个角度可以认为技术状态是健康状态的一个方面。装备技术状态好不一定处于健康状态，但是装备处于健康状态其技术状态一定好。比如，刚投入使用的装备和使用时间很长的装备，有可能它们的各项技术特性相差不多，即技术状态相同，然而它们的健康状态是有差异的，主要表现在它们的剩余使用寿命、连续工作时间是不一样的。正是由于单纯使用技术状态来衡量装备的状态具有片面性，促使研究人员用一种新颖的观点来审视传统的技术状态，将关注的重点从单纯的技术状态转移到健康状态上来。

如果采用健康度来衡量装备的状态，就可以定量比较其健康状态与技术状态的大小。装备健康状态与技术状态示意如图4-2所示。

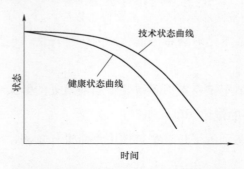

图4-2　装备健康状态与技术状态示意

从图4-2可以看出：一方面，健康状态和技术状态随着工作时间的推移，它们的状态量度值都是逐渐下降的；另一方面，在任意时刻 t，装备的健康状态都比技术状态要差，最多与技术状态相同。健康状态评估和技术状态评估的最大区别在于它们考虑的因素不同，健康状态评估考虑的因素更为全面、更贴近装备的实际情况。

4.2　健康状态评估工作流程设计

健康状态评估是以复杂装备系统为研究对象，以高新技术为依托，涉及各种工程技术系统装备管理领域，工程应用性很强的跨学科、综合性的应用技术。结合现有健康状态评估与预测的研究成果及实际需要，构建健康状态评估与预测的整体框架。本书将装备健康状态评估的过程划分为三个大的阶段：评估准备阶段、评估实施阶段、评估分析与反馈阶段。

4.2.1　健康状态评估准备阶段

装备健康状态评估不仅是一项工程技术工作，同时还是一项需要周密组织、逐步实施的管理活动。装备健康状态评估准备阶段主要包括以下具体实施步骤：确定评估对象、划分健康状态等级、建立健康状态指标体系、传感器进行优化配置、数据采集和处理等。

1. 确定评估对象

将健康状态评估技术有效地应用在装备健康状态评估上,可以获得很大的军事和经济效益。但是并不需要在所有装备上都进行评估,要根据相关判定准则分析该装备评估的可行性和有效性,确定评估的价值。因此,确定评估目标应该从以下几个环节重点考虑。

(1) 从技术可行性的角度考虑评估对象

装备由正常状态到故障发生,其状态信号有一个发展变化过程。这个潜在过程可用 $P-F$ 曲线表示,如图 4-3 所示。故障萌发点代表刚刚出现故障,没有明显征兆;潜在故障点 P 代表有明显征兆;功能故障点 F 代表装备丧失功能。由潜在故障点 P 到功能故障点 F 通常都会有一段或长或短的时间。通过监测其状态参数,就可以捕捉到故障萌发点或潜在故障点的状态参数变化,从而进行分析,发现故障部位、性质及变化规律。

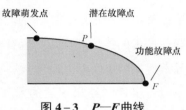

图 4-3　$P-F$ 曲线

从故障产生、发展的过程来看,装备存在 $P-F$ 间隔期是进行健康状态评估的前提条件。对于那些不具有潜在故障,如某些电子元器件、集成电路等发生功能故障之前没有任何征兆,其状态的变化无法鉴别出来,也就无法进行健康状态评估。

因此,装备能够进行健康状态评估的技术性准则如下:① 装备的状态具有明显的劣化过程;② 能够以小于 $P-F$ 间隔期的间隔时间对装备实施监测,以便获得装备的健康状态信息;③ $P-F$ 间隔应足够长,以便在功能故障发生前实施维修活动。

(2) 从评估有效性的角度考虑评估对象

仅仅判定一个装备能够实施健康状态评估是不够的,还要确定是不是值得做这项工作。装备值得进行健康状态评估的有效性准则:① 如果实施健康状态评估可以将故障的风险降低到可接受的水平,那么健康状态评估就值得做;② 如果实施健康状态评估工作的成本低于故障后的损失,那么健康状态评估就值得做。

（3）应用 RCM 分析合理地选择评估对象

在选择评估对象时，可以借鉴以可靠性为中心的维修（reliability-centered maintenance，RCM）分析中确定重要功能产品的方法，根据装备的使用情况和重要程度，合理地选择评估对象。

2. 划分健康状态等级

装备健康状态等级划分是准确评估装备健康程度的前提和基础，并且评估结果也是用健康等级来描述的。规范的健康状态等级划分，既有利于装备健康状态评估技术的推广和应用，也有利于实现装备的健康管理。因此，对装备合理地划分其健康状态等级十分重要。

为了评估结果表达的需要，研究人员对评估对象的健康状态等级提出了各自的分级观点。由此出现了各种各样的健康状态分级方法，这些分级在具体的等级数目和细则上存在明显区别，主要表现为等级的数目不一、等级描述模糊、含义不清、主观因素影响较大等。表 4-1 列出了不同学者对装备健康状态等级的划分。

表 4-1 不同学者对装备健康状态等级的划分

等级数目	等级名称
5	良好、较好、可疑、不良、危险
5	健康、良好、注意、恶化、差
5	优、良、中、注意、差
5	优秀状态、良好、临界、危险、崩溃
5	优秀、良好、优先安排检修、尽快检修、立即安排检修
4	正常状态、注意状态、异常状态、严重状态

显然，不规范的健康状态分级不利于健康状态评估在工程实践的应用。因此，在对具体的装备划分健康状态等级数目和名称时，应该遵循规范、合理、简明扼要、层次递进、易维护和使用等相关原则。健康状态等级的数目应与装备的重要程度、复杂程度、评估的需求以及装备的管理等实际情况相匹配，不能做硬性的规定，等级数目合理即可。健康状态等级的名称应简明扼要、易于理解，等级之间具有明显的层次递进关系，等级名称的变化基本上能够反映出健康状态的变化过程。确定健康状态等级的数目和名称后，应根据分级的维护和使用相关原则，

结合装备自身的特点,对每个健康状态等级的内涵进行描述。装备维修或管理人员根据等级描述的内容,可以做出初步判断并以此为依据进一步做出维修决策。

由于装备自身的复杂性和种类的多样性,要将所有装备的健康状态等级划分为一种规范是不切实际的,但是对同种装备的健康状态分级进行规范是可能的,也是必要的。对于不同类别的装备,应该根据装备的自身特点划分不同的等级标准。按照健康状态分级的原则,根据故障诊断、维修经验以及专家的分析,结合前期学者研究成果,本书将装备健康状态划分为5个级别:健康、亚健康、一般劣化、严重劣化、严重故障。对装备健康状态等级划分及描述与相应维修策略情况如表4-2所示。

表4-2 装备健康状态等级划分及描述与相应维修策略

健康状态等级	等级描述	维修策略
健康	装备的各项技术性能指标都在允许的范围内,所有测试数据均远离警告值,并且没有经历不良情况,能保证训练任务的完成和各种规定功能,无须做任何维护工作,大修周期可适当延长	不用维修或延期维修
亚健康	指标的主要技术性能指标在允许的范围内,总体性能有所下降,但不会影响任务的完成,按计划进行维护	延期维修
一般劣化	装备的一部分主要技术性能退化,有劣化的趋势,有少量不良工作记录,可完成主要的功能,装备在使用时应加强监控,注意健康状态的变化趋势	优先维修
严重劣化	装备的主要技术性能退化,劣化趋势明显,有不良工作记录,可考虑在计划维护时间前实施维修活动	尽快维修
严重故障	装备所有的数据均达到或超过预警值,已无法满足任务的需要,如果继续使用可能会造成人员伤亡或装备损坏,须停止使用立即进行修理	立即维修

3. 建立健康状态指标体系

对一个复杂系统对象,首先要确定可以直接表征其健康状态的特征参数指标,或可间接推理判断系统健康状态所需要的参数信息。然后装备在运行过程中会产生各种各样的表征其状态的物理现象，如振动、噪声、温度变化等，并引起相应参数如力矩、扭矩、压力、运动位移、速度及加速度等的变化，这些变化为装备的状态监测提供了可能。在实际工程应用中应选择最能反映装备运行状态的特征参数进行监测。

在装备 PHM 系统中，健康状态信息感知是进行健康状态评估的前提条件。要对装备进行健康状态评估，首先要确定可以直接表征其健康状态的参数指标，或可间接推理判断装备健康状态所需要的参数信息，这是进行健康状态评估的数据基础。装备健康状态指标的选取是否合适，直接影响到评估结果的好坏，健康状态评估指标应能够全面、真实地反映装备的健康状态。指标选取太多，造成指标重复，计算过程复杂，甚至会干扰评估的结果；指标选取太少，又不能真实地反映出装备的健康状态。确定装备健康状态指标主要是从健康状态的影响因素的角度来考虑，影响装备健康状态的因素可以分为装备自身因素、地理环境和气候因素、人为因素三大类。本书将健康状态的影响因素分为技术状态因素和非技术状态因素两大类。

（1）根据装备的技术状态因素确定健康状态指标

装备的技术状态是其健康状态的直接反映，如果装备或其零部件出现故障，则相应的技术性能就会偏离正常值。因此，需要根据现场运行的实际情况，确定装备健康状态评估的健康指标。

（2）根据装备的非技术状态因素确定健康状态指标

在确定装备的健康状态评估指标时，不仅要考虑装备的技术状态因素，还要考虑使用年限、运行工况、维修和环境影响等非技术状态因素，这些影响因素一般是作为定性指标来处理的。

当然健康状态指标的选定必须以所评估对象为基础，本书以某自行火炮发动机为评估对象。

4. 传感器进行优化配置

根据建立的健康状态指标体系，可以知道需要的传感器种类。但是这些传感器具体需要的数量、安装的最有效位置都是待定的。这就涉及传感器的优化配置问题。传感器优化配置的任务就是构建一个最佳的传感器结构（数量或类型、位置），以期获得传感器成本与系统指定监测性能指标之间的最佳平衡。从理论上讲，传感器数量越多所获取的结构模态参数越多，振动特性的描述就越准确，越能够辨别出结构的状态，实测结果也就越精确。但是随着传感器数量增多，系统中相配套的其他设备和耗材也会相应地成倍增加，而由于获取数据的增加，计算机的计算性能需求将呈几何级数增长，大大增加系统的成本费用。因此，传感器布置的位置、数量对状态监测的结果起着决定性的作用。不管从监测信息的有效性还是从经济性考虑，都需要对传感器配置状况进行优化，以确定传感器的最佳数目及最优位置。

5. 数据采集和处理

在安装了传感器后，就可以对装备的健康状态信息数据按照确定的健康状态指标体系进行采集和获取。由于不同的状态监测手段获取的数据类型不同，健康状态指标既有定量的数据，也有定性的描述语言；不同的状态测量值有不同的数量级和不同的测量单位，此外还有异常数据的干扰等。因此，为了使数据能够满足建模的要求，需要利用现代信号处理技术对原始数据进行各种预处理，主要包括降噪处理、数据规范化处理、定性指标的量化处理等，使数据格式满足后面使用的要求，同时也便于传输和存储。

4.2.2 健康状态评估实施阶段

在获得表征装备健康状态的信息后，如何根据这些信息来评估装备的健康状态成为下一步需要解决的问题。PHM 系统层次结构中存在 5W1H 问题，装备健康状态评估同样存在类似的问题。健康状态评估可以看作是由评估对象（what）、评估主体（who）、评估目的（why）、评估时期（when）、评估地点（where）及评估方法（how）等要素（5W1H）构成的问题复合体，装备健康状态评估涉及的 5W1H 问题，如表 4-3 所示。

表 4-3 装备健康状态评估涉及的 5W1H 问题

5W1H	对应名称	含义	在本书中的具体含义
what	评估对象	待评估的装备	自行火炮发动机
who	评估主体	评定对象价值大小的个人或集体	评估专家或管理人员

续表

5W1H	对应名称	含义	在本书中的具体含义
why	评估目的	评估所要解决的问题和所能发挥的作用	确定装备健康状态等级和健康度,评估装备的健康状态水平,判断装备是否能够满足预期的任务和要求,并对装备的维修提出建议
when	评估时期	在装备运行过程中哪个阶段进行评估	评估装备运行的整个过程,实时掌握装备的健康状态
where	评估地点	一是指评估对象所涉及的和占有的空间,或称评估范围;二是指评估主体观察问题的角度和高度,或称评估立场	单个装备或装备群组
how	评估方法	选择哪种方法进行评估	云模型和物元分析

对装备健康状态评估的研究就是在以上分析的基础上,根据装备健康状态评估的特点,通过对比各种方法,选择合适的评估方法,进行健康状态评估。

对于装备群组的健康状态评估主要是要解决以下 3 个问题:① 装备当前的健康状态等级是什么;② 装备的健康度如何掌握与评定;③ 如何由单个装备的健康状态得到装备群组的健康状态。下面分别进行详细说明。

1. 确定装备当前的健康状态等级

目前,大多数的研究文献主要解决的就是第一个问题,即利用评估方法对装备的健康状态进行判定,确定装备的健康状态等级。

2. 计算装备的健康度

健康度是从定量的角度来描述装备健康状态的程度,相比定性的健康状态等级更加直观地反映了装备的健康状态。计算装备健康度的作用主要表现在以下方面。

① 对于单个装备而言,虽然装备的健康状态在整个寿命周期内是逐渐劣化的,但是在一定的时间段内,定性评估得到的装备健康状态会驻留在某一个等级不发生改变,难以反映装备健康状态的真实变化情况。如果能够对健康状态进行量化,即便相邻两次评估得到的健康状态等级相同,也可以通过健康度来比较它

们的健康程度。

② 对装备群组来说，健康度的作用更明显。利用装备健康度的大小，可以对装备的健康状态进行排序，可根据健康状态的顺序安排装备的使用计划和实施维护活动。

3. 由单个装备的健康状态得到装备群组健康状态

目前，健康状态评估研究主要是针对某一个层次的产品（系统、装备或零部件）展开的，属于单级评估的范畴。将单装备健康状态评估扩展到装备群组健康状态评估，需要处理好各层级之间的链接关系，由下一层的评估结果导出上一层的评估结果，直到完成整个装备群组的健康状态评估。这种思路正好可以利用物元理论的可拓展性来处理。因此，在评估方法中通过利用物元理论实现装备群组的健康状态评估，完成单个装备健康状态评估到装备群组健康状态评估的无缝链接。

根据对健康状态评估的具体过程分析，确定了健康状态评估应该着力解决的关键问题，为建立健康状态评估模型指明了方向。

4.2.3 健康状态评估分析与反馈阶段

1. 分析健康状态评估结果

装备经过健康状态评估之后，得到的直接结果是当前的装备健康状态。如果评估的结果与实际情况差别较大，应查找出现错误的原因，对评估结果予以纠正。如有必要，重新评估装备的健康状态，直到获得满意的结果为止。

2. 反映健康状态的变化规律

对于实施健康状态评估的装备来讲，并不是只在某一个时刻才进行评估，而是在其整个寿命周期内定期或不定期地进行多次评估，这样就得到按照评估时间排列的多个健康状态评估结果。为了从评估的结果中找寻规律，将每次评估结果以健康状态档案的方式予以保存。对定性的健康等级而言，历次评估得到的健康等级粗略地反映了装备健康状态的变化规律；对定量的健康度而言，历次评估得到的健康度可以形成一条健康状态曲线，更加真实地反映装备健康状态的变化规律。

3. 提供使用或维修决策建议

健康状态评估的最终目的是给装备的维修策略和使用任务计划提供决策依

据，从而实施最佳的维修方式和合理安排装备的使用。维修管理人员可根据健康状态评估结果来安排维修计划。对于评估结果为"健康"的装备，维修时可不作为重点；对于评估结果处于下降趋势或评估值低的装备必须列为维修重点。这样使装备维修管理工作做到全面掌控、重点突出。装备使用人员可根据健康状态评估结果，按照健康状态等级描述中对应的装备使用建议，结合任务的类型、预期的负载、使用时间等要求，合理安排装备的使用计划，确保装备能够成功地完成任务。

总之，在上述健康状态评估的实施过程中，评估准备工作是基础，具体的评估过程是关键，得到评估结果是目标。

4.2.4 装备健康状态评估指标体系构建

在 PHM 系统中，要实现对装备健康状态准确地评估，必须科学构建装备健康状态评估的指标体系。发动机健康状态评估是一个多指标综合评估问题，需要将反映被评估对象的多项指标的信息加以汇集，得到一个综合指标，反映被评估对象的整体情况。评估结果的客观性、正确性要依赖被评估对象的各项指标信息选择的正确性、全面性。

1. 评估指标体系构建的主要原则

实时掌握装备健康状态的关键问题是确定评估指标体系。指标体系是否科学、合理，直接关系到状态评估的真实性和全面性。因此，所确立的健康状态指标体系必须科学、客观、合理，尽可能全面地反映影响装备运行状态的因素。

在健康状态评估指标体系中所提出的每一项指标都应该有理由，不能凭空设想。这些"理由"就是对指标设计或选取的限制因素，一般是影响状态评估的重要因素。

健康状态评估指标体系构建应遵循以下原则。

① 可测性。可测性是对指标的定量表示，即指标能够通过数学公式、测试仪器或实验统计等方法获得。指标本身便于实际使用和度量，指标的含义明确，具备现实收集渠道，便于定量分析，具有可操作性。

② 完备性。完备性是指影响系统效应的所有指标均应包含在指标集合中，

指标集合具有广泛性、综合性和通用性。

③ 独立性。指标间的关系应是不相关的，指标之间应减少交叉，防止相互包含，要具有相对的独立性。

④ 客观性。指标能真实地反映系统的特性，不能因人而异。

⑤ 灵敏性。当系统的指标参数变化时，系统的性能应能相应地发生明显的变化。

⑥ 一致性。各个指标应与分析的目标相一致，所分析的指标间不相互矛盾。

⑦ 简明性。指标应易于理解和接受，便于形成研究的共同语言。

2. 健康状态影响因素分析

装备的健康状态描述了构成系统、子系统以及部件执行设计功能的能力。健康状态不同于一般意义上的技术状态，相同的技术状态不一定代表相同的健康状态。技术状态是健康状态的一个方面，只对技术状态进行评估得出的装备健康结果是不全面的。影响装备健康的因素有很多种，不仅要考虑装备的技术状态因素，还要考虑装备的服役年限、运行工况、使用环境和维修历史等因素。

对军用装备而言，影响装备健康状态的因素大致可以划分为两大类，如图 4-4 所示。一类是固有影响因素，主要包括装备自身因素和地理环境与气候因素，装备自身因素有装备部件质量、装备性能缺陷、装备结构问题、装备役龄等，地理

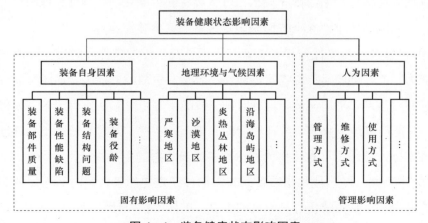

图 4-4 装备健康状态影响因素

环境与气候因素有严寒地区、沙漠地区、炎热丛林地区、沿海岛屿地区等影响因素;另一类是管理影响因素,主要是人为因素,例如,管理人员落后的管理方式、操作人员不正确的使用方式、维修人员不合适的维修方式等。部队主要是要控制人为影响因素,即改进或完善管理方式、使用方式和维修方式,加强状态监控,及时对装备的健康状态进行分析、评估和预测,并提出有效的预防措施和健康计划。

3. 健康状态评估的主要指标

装备的运行状态可以直接反映装备的健康状态,如果装备或其零部件出现故障,则相应的技术性能就会偏离正常值。为反映装备的实时健康状态,必须将这些能反映装备健康状态的技术性能作为评价装备状态的指标。然而,实际装备大多结构复杂,技术性能指标多达上千个,完全考虑这些参数显然不合乎实际。因此,如何根据现场运行的实际情况,确定装备健康状态评估的健康指标成为重中之重。

在故障模式及影响分析的基础上,可以得到许多与装备健康状态有关的因素,例如,失效对人员和环境安全性的影响、失效对装备系统功能的影响、是否有备用装备、失效对相关部件的影响、失效频率、运行条件、维修费用、装备类型(复杂、简单)、失效引起的损失、可监测性、技术性能、停运时间、维修难易程度等。考虑到一些因素间较强的关联性,为减少分析的复杂性,根据建立装备健康状态评估指标的原则和要求,可从装备的可靠性、维修性、保障性、经济性、技术性能、安全性6个方面来确定装备的健康状态指标。

① 可靠性。可靠性是指装备或其零部件在规定的条件和时间内完成规定功能的能力,也就是表示装备或其零部件不容易发生故障的能力。描述可靠性的参数指标有可靠度、平均无故障运行时间、故障率等。可靠性作为装备主要健康指标之一,能很好地反映装备统计期间的长期运行状况,尤其是针对长期连续运转的关键部分,应采用可靠性作为评估装备健康状态的主要指标。

② 维修性。维修性是指装备或其零部件在规定的条件和时间内能使其恢复功能的能力,即表示装备容易维修的程度。维修性在设计时就已经决定,是装备的固有属性之一。在复杂装备的健康管理和维护中,必须考虑其维修性,否则一

旦装备出现部分故障，将导致整机停运，造成巨大军事效益的损失。因此，在装备健康管理中，将维修性作为健康状态评估的指标之一，按照系统性原则，旨在体现装备的综合性能。

③ 保障性。保障性是指装备的设计特性和计划的保障资源满足平时战备和战时使用要求的能力。保障性是装备系统的一种特性，既包括与保障有关的设计特性，又包括计划的保障资源，它反映了装备满足平时和战时战备完好性目标的能力，直接反映了装备的使用要求。由于装备的类型、任务范围和使用特点各异，用于描述不同装备的保障性参数也不同。例如，常用来描述自行火炮发动机保障性的参数指标有使用可用度、能执行任务率、单车战斗准备时间等。

④ 经济性。经济性是指对装备采取不同维护策略的费用进行对比分析，以及对失效引起的经济损失和安全事故进行评估分析。对装备维护的经济性进行分析就是要将装备的修理、改装、更新和报废等经济性问题与技术性能等问题相结合进行研究，以寻求实现最佳利润的途径。因此，装备的经济性情况将直接影响装备维护策略和技术的实施，与健康状态密切相关。

⑤ 技术性能。技术性能包括装备或其零部件的技术规格、精度等级、结构特性、运行参数、工艺规范等。装备的技术性能在装备的使用过程中会随着装备的腐蚀、磨损和老化而下降，因此，它是动态衡量装备健康状态的指标。以自行火炮发动机为例，其常用的技术性能指标有功率、加速性能、射击精度，振动烈度等，技术性能参数可以通过状态监测获取。

⑥ 安全性。虽然健康与故障是对立的，但故障并非是不健康的全部内容，故障只是在健康与不健康矛盾斗争过程中某些瞬间突变结果的外在表现形式。在"无故障"的背后，可能还有许多潜在不健康因素存在，只是尚未出现故障。因此，在考虑装备的健康状态指标时，必须综合考虑影响装备安全的所有因素，全面地反映装备的潜在危险性，对人员、装备和环境进行综合的安全评价。尤其是那些对环境影响大、人身安全危险性高的装备，按照突出性原则，安全性指标就显得更为重要。

装备健康状态评估主要指标如图 4-5 所示。

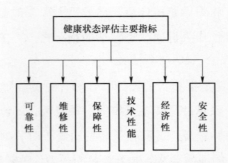

图 4-5 装备健康状态评估主要指标

以上的 6 个方面,每个方面都可以由多个参数来表征,例如,可靠性可用可靠度、平均无故障运行时间、故障率等参数描述,在实际应用中,根据评估对象的不同,选择合适的评估指标。

第 5 章
装备健康状态综合评估方法及应用

5.1 层次分析法

5.1.1 层次分析法原理

层次分析法（analytic hierarchy process，AHP）是由美国运筹学家 Saaty 教授提出的一种系统分析和多准则决策方法，主要用于解决定性与定量相结合的问题。其主要特征是，合理地将定性与定量决策结合起来，按照思维、心理的规律把决策过程层次化、数量化。该方法以其定性与定量相结合处理各种决策因素的特点，以及其系统灵活简洁的优点，应用在社会经济各个领域，如能源系统分析、城市规划、经济管理、科研评价等。层次分析法的基本思想是先按问题要求建立一个描述系统功能或特征的内部独立的递进层次结构，通过两两比较因素（或目标、准则、方案）的相对重要性，构造上层某元素对下层相关元素的权重判断矩阵，给出相关元素对某元素的相对重要序列。

该方法在构造判断矩阵之后，可用严密的数学计算方法求解，但判断矩阵主要受评判标准的支配，评判的分级不同，给出的权重结果则不同。评判标准的客观程度决定了决策结果的正确程度。因此，层次分析法必须在清楚事物内部组织结构，以及明确各自权重的前提下，才能有较为准确的评估效果，这个过程受主观影响较大。

5.1.2 层次分析法步骤

层次分析法主要包括以下 5 个步骤。

1. 建立层次分析法递阶层次的结构模型

将需要研究的问题进行层次化分析，构造出具备多层次的结构模型。层次一般分为以下 3 类。

① 最高层（目标层）。该层次为解决问题的目标，只允许存在一个元素。

② 中间层（准则层）。该层次为解决问题的准则，一般为 1~2 层。2 层通常被称为子准则层，子准则层是对 1 层元素的分解，包含了为达到目标层所包含的相关元素。

③ 最底层（方案层）。该层次为解决问题的方案，为针对问题得到的最优解。

2. 构造判断矩阵

当层次分析法递阶层次的结构模型建立之后，对准则层的元素两两进行相对重要性比较，这些判断用数值表示出来，并构造重要性对比判断矩阵。设子准则层有 n 个因素，比较 n 个因素对上一层指标的重要性时，通过参考层次分析法的九分判断尺度表，如表 5-1 所示，用 a_{ij} 表示第 i 个因素相对于第 j 个因素的比较结果，判断矩阵 C 需满足公式 $a_{ij}=1/a_{ji}$，构建 $A=(a_{ij})n^2$ 判断矩阵。

表 5-1　1~9 重要性级别量化值

标度	含义	说明
1	同等重要	元素 i 比元素 j 同等重要
3	稍微重要	元素 i 比元素 j 稍微重要
5	比较重要	元素 i 比元素 j 比较重要
7	非常重要	元素 i 比元素 j 非常重要
9	绝对重要	元素 i 比元素 j 绝对重要
2，4，6，8	以上两两判断的中间值	以上两两判断的中间状态

3. 层次单排序

层次单排序即根据对目标层 A 的判断矩阵计算出相对于准则层 1 中的某个元素对应的准则层 2 中的元素重要性排序。究其本质，层次单排序实质上即为求解判断矩阵的最大特征根 $\lambda_{\max}$ 及特征向量 w。计算步骤如下。

首先，计算对目标层 A 的判断矩阵每一行元素的乘积 m_i。

$$m_i = \prod_{j=1}^{n} a_{ij} \quad (i, j = 1, 2, \cdots, n) \tag{5-1}$$

其次，计算 m_i 的 n 次方根 $\overline{w}_i$。

$$\overline{w}_i = \sqrt[n]{m_i} \tag{5-2}$$

再次，将上述所得的各方根向量 $w(A) = [w_1, w_2, \cdots, w_n]^T$ 进行标准化处理，即

$$w_i = \frac{\overline{w}_i}{\sum_{j=1}^{n} \overline{w}_i} \tag{5-3}$$

则 $w = [w_1, w_2, \cdots, w_n]^T$ 即为所求解的判断矩阵的特征向量 w。

最后，计算特征向量 w 的最大特征根

$$\lambda_{\max} = \frac{1}{n} \sum_{i=1}^{n} \frac{(Cw)_i}{nw_i} \tag{5-4}$$

4. 对目标层 A 的判断矩阵进行一次性检验

一致性检验，即确定在一定显著性水平下各平均值或各方差之间是否有显著性差异。

首先，计算一致性指标 CI。

$$CI = \frac{\lambda_{\max} - n}{n - 1} \tag{5-5}$$

CI 数值越小，则表明对目标层 A 的判断矩阵进行一次性检验的一致性越好；CI 数值越大，则表明对目标层 A 的判断矩阵进行一次性检验的一致性越差。引入判断矩阵的平均随机一致性指标值（自由度指标）RI，从而计算判断矩阵的一致性是否可以接受。

其次，计算一致性比率 CR。

$$CR = \frac{CI}{RI} \tag{5-6}$$

当 CR<0.1 时，认为对目标层 A 的判断矩阵进行的一次性检验可以接受；

否则，对目标层 A 的判断矩阵的元素取值需要进行修改，直到对目标层 A 的判断矩阵的一次性检验可以接受为止。

5. 层次总排序

层次总排序是指依次按照层次结构模型从上层至下层进行逐层计算，得出准则层 2 因素相对于目标层的相对重要性。层次总排序同样需要进行一致性检验，从而确保模型的合理性与逻辑性。

5.1.3 层次分析法的优点

1. 系统性的分析方法

层次分析法把研究对象作为一个系统，按照分解、比较判断、综合的思维方式进行决策，成为继机理分析、统计分析之后发展起来的系统分析的重要工具。系统的思想在于不割断各个因素对结果的影响，而层次分析法中每一层的权重设置最后都会直接或间接影响到结果，而且在每个层次中的每个因素对结果的影响程度都是量化的，非常清晰明确。这种方法尤其可用于对无结构特性的系统评价以及多目标、多准则、多时期等的系统评价。

2. 简洁实用的决策方法

层次分析法既不单纯追求高深数学，又不片面地注重行为、逻辑、推理，而是把定性方法与定量方法有机地结合起来，使复杂的系统分解，能将人们的思维过程数学化、系统化，便于人们接受，且能把多目标、多准则又难以全部量化处理的决策问题化为多层次单目标问题，通过两两比较确定同一层次元素相对上一层次元素的数值关系后，最后进行简单的数学运算。其计算简便，并且所得结果简单明确，容易被决策者了解和掌握。

3. 所需定量数据信息较少

层次分析法主要是从评价者对评价问题的本质、要素的理解出发，比一般的定量方法更讲求定性的分析和判断。层次分析法是一种模拟人们决策过程思维方式的方法，把判断各要素的相对重要性的步骤留给了大脑，只保留人脑对要素的印象并化为简单的权重计算。这种思想能处理许多用传统的最优化技术无法着手的实际问题。

5.2 模糊综合评价法

5.2.1 模糊综合评价相关概念

自 1965 年 Zadeh 教授创立模糊数学以来,模糊综合评价法便在许多领域得到广泛应用。模糊综合评价法是以模糊数学为基础,应用模糊关系合成的原理,将一些边界不清、不易定量的因素定量化,并进行综合评估的一种方法。模糊综合评价是指对受到多种模糊因素所影响的事物或现象进行总的评价。模糊综合评价是以模糊数学为基础,通过引入隶属度的概念,排除了"非此即彼"的互斥性结论带来的不合乎客观实际的判定结果,因而能充分描述性能从很差到很好这一过渡状态。模糊综合评价法适用于解决定性问题和定量问题并存的问题,利用模糊因素和模糊关系描述既包含定量因素又包含非定量模糊因素和模糊关系的被评价对象,并给出合理的评估值。在众多模糊识别方法中,模糊综合评价应用十分成熟。模糊综合评价的基本思想是利用模糊线性变换原理和最大隶属度原则,考虑与被评价事物相关的各个因素,将各项指标统一量化,并根据不同指标对评价对象的影响程度来分配权重,从而对各评价对象做出合理的综合评价。但是,在运用模糊综合评价法评价时有时也会出现问题,使结果不尽如人意。模糊综合评价法的缺点是知识获取困难,自学习能力差,容易发生漏诊或误诊,在模糊综合评价中时常出现评估失效和失真问题。当系统结构发生变化时,模糊系统的知识库和相关规则的模糊度等也要进行相应的维护。

5.2.2 模糊综合评价步骤

模糊综合评价是综合考虑各种影响因子,运用模糊数学理论对被评价对象综合评价。该方法能够对被评价对象按照综合评分的高低进行排序和评价,还可依照最大隶属度原则,对照模糊评价集上的值判定对象所属等级。

模糊综合评价的实施步骤说明如下。

① 首先确定需要评价的指标因素集合 $U = \{U_1, U_2, \cdots, U_n\}$。

② 确定评语集合 $V=\{V_1, V_2, \cdots, V_m\}$。无论被评价指标有多少层次,评语集只有一个。式中的 m 表示评语等级的个数,一般情况下取 4~9 级,常用的是 4 级或 5 级。

③ 建立模糊评判矩阵。对因素集中每个因素 U_i 进行单因素评判,U_i 在评语集中 V_j 的隶属度为 r_{ij},由此建立模糊评判矩阵 $\boldsymbol{R}$。

$$\boldsymbol{R} = \begin{bmatrix} r_{11} & r_{12} & \cdots & r_{1j} \\ r_{21} & r_{22} & \cdots & r_{2j} \\ \vdots & \vdots & \ddots & \vdots \\ r_{i1} & r_{i2} & \cdots & r_{ij} \end{bmatrix} \quad (5-7)$$

④ 确定权重集。由于不同的评价因素其重要程度有所不同,所以对各因素分配不同的权重,以体现重要度差别。如因素 U_i 的权值为 w_i,所有因素的权重集为 $W=\{w_1, w_2, \cdots, w_i\}$。

⑤ 模糊评判计算。建立评判计算模型 $B = W \circ \boldsymbol{R}$,其中"∘"表示模糊综合算子。为避免主观性,通常选取加权平均型的模糊综合算子(∘,+),该型算子能够依据指标权重的大小充分考虑所有指标的信息。对模糊向量常用的分析方法有模糊向量单值化法、最大隶属度原则等,以此确定评价等级。

5.3 灰色综合评估法

5.3.1 灰色综合评估法简介

灰色综合评估法以灰色理论为基础,以层次分析法为指导,采取定性分析与定量计算相结合的方法,将评估者的分散信息描述成属于不同评估灰类的向量,对此向量进行单值化处理,便可得到受评者的综合评估值。鉴于复杂装备部分信息未知的特点,灰色综合评估法就是针对这种部分信息已知而部分信息未知的灰色系统提出的。因此,吴波采用灰色聚类和模糊综合评价法建立了装备健康状态评估模型,对单个装备利用灰色聚类分析的方法,把不甚明确、整体信息不足的灰色系统尽可能地白化,将得到的单个装备健康状态的聚类系数向量作为模糊综合评价的隶属度向量对装备的健康状态进行综合评判,通过计算验证,取得了良好的效果。

灰色系统理论在国内外学术界享有良好的声誉，对科学的发展起到了不可忽视的作用，该理论已经在多个领域推广应用，包括工业、环境、医学、社会、经济、能源、交通、生态等，并且获得极大的成功，收获了极高的社会影响和产能。灰色系统理论是一门带有不确定性现象的应用数学学科，它研究的信息具有明确性和不明确性的统一。

5.3.2 灰色系统的研究内容

灰色系统理论以灰色系统为研究对象，结合了系统论、现代计算机技术、信息论等方法和科学技术，并且以系统论为指导原则。灰色现象的基本特征包括3个因素：灰数、灰关系、灰元。它们还是灰色系统的原则，是灰色系统对灰性研究的方法，是灰色系统研究数据的方法和方式。灰色系统理论包含以下5个方面。

① 灰色系统分析。灰色系统理论针对分析系统因素和行为衍生出关联分析方法。该分析方法依照系统因素或行为之间发展趋势来对各因素之间的关联度进行分析。关联度的分析方法通过系统性的量化的映射能够分析出各因素的排列顺序。

② 灰色系统建模。技术科学等多领域需要建立方程模型，但普通方法只能建立差分方程。灰色系统理论普遍认为，每个随机过程都是在某个时间段和赋值范围中变化的灰色量，这个随机过程又称灰色过程。客观系统表现十分复杂，杂乱无章，但其实质上是具有规律的，因此寻找规律的方法是至关重要的。灰色理论寻找数据的规律是通过对数据的整理来实现的，也就是通过寻找目标数据获取离散函数，又称数的生成。因为模型不是单一的，它们具有相似性，所以模型又称灰色模型。

③ 灰色预测。灰色预测是以因子模型预测灰色系统行为特征值的变化，或者预测灰色系统的行为特征值中异常值发生的时间段为基础，根据灰色预测的特征和功能的不同，可将其分为5种类型，分别为拓扑预测、灾变预测、季节灾变预测、系统预测以及数列预测。

④ 灰色评估。根据事物、状态、项目的具体情况以及人群的利益、要求和地区的条件等对定性的灰类进行评估，从而获得事物的排列顺序，以上过程称为灰色评估。

⑤ 灰色决策。决策的实质性含义为决定。广义层面上，决策是提出问题、搜集资料、方案的拟订和选择的过程，但其狭义的理解为拍板。灰色决策是在决策模型中或在灰色与灰元的模型下进行分析决定并选择重点研究方案。

5.3.3 灰色综合评估法的选择

从多指标综合评价实践看，应用灰色系统方法进行综合评价，有许多不同的做法，有灰色排序评价，也有灰色聚类评价，还有评价中的因素分析；有单纯应用灰色系统方法进行评价，也有结合模糊数学、物元分析等学科或专家评价、多层次评价等思想进行灰色系统综合评价；有基于灰数的白化权函数进行综合评价，也有基于灰序列关联系数进行综合评价。模糊聚类分析法与灰色聚类分析法都常用于分析样本的归类问题，但由于方法不同，其适用的范围和算法也就存在差异。采用比较合适的相似度计算公式是进行模糊聚类评估法的基础，而灰类标准是灰色聚类法的核心，其主要采用灰类白化权函数进行计算。在采用模糊聚类评估法时，每一类必须保留一个以上的对象，并且根据不同的等价原则进行分类；但是在灰色聚类法中，各个灰类都包含各个对象，需要提前预订好白化权函数，并且此函数值不变。数目和类别是进行模糊聚类评估法的基础，其结果要经过详细的计算获得，而且结果受到截距水平的影响。灰类标准和相应的类别个数以及白化权函数则是事先计算好的，在灰色聚类分析法的计算过程中不变。

5.4 神经网络评估法

5.4.1 神经网络评估法理论

自 1996 年 Lingras 提出粗糙神经元以来，人工智能领域掀起了人工神经网络的研究热潮，基于神经网络的各种诊断和评价系统应运而生。神经网络运算速度快、容错和自学能力强，通过自学习机能实现从训练样本中获取知识，以权重的形式将所学知识存储于网络模型中，解决了诊断和评价系统的知识获取问题。尚鑫根据混凝土斜拉桥的特点，对斜拉桥的结构健康状态进行了分析，构建了一个神经网络模型，经过训练后，实现了混凝土斜拉桥的结构健康评估，能够有效地反映现有混凝土斜拉桥结构健康状态。范剑锋以基于层次分析方法的桥梁健康状态评估模型为目标，研究结合模糊理论和人工神经网络，建立了基于信息输入的模糊神经网络推理评估框架。利用模糊推理规则，生成了用于网络训练的样本库，利用网络学习存储了规则库中的专家知识与经验，能有效地对桥梁进行健康状态评估。尽管神经网络理论实际应用取得了较好的效果，但是神经网络的训练过程较为烦琐，计算量大，且评价结果表达不直观，限制了其在复杂机械系统评价中的应用。

5.4.2 感知器模型

McCulloch 和 Pitts 根据生物神经元信号的传播方式，提出了神经元的数学模型，即 M-P 模型。M-P 模型是整个神经网络的基础，人工神经网络（artificial neural network，ANN）由大量的神经元构成。

图 5-1 为人工神经元的结构图，其中，$x_1, x_2, \cdots, x_n$ 是神经元的多维度输入；$w_1, w_2, \cdots, w_n$ 是输入数据与神经元之间的权值；Σ 是求和公式，它表示将神经元的输入 x_i 与对应的权值 w_i 相乘再求和；b 表示神经元的偏置值或阈值；$f()$ 表示神经元的激活函数，它能够将输入的数据经过一定的变换，将输出结果限定在规定的范围内；y 是神经元的输出，其表达式为式（5-8）。

$$y = f \sum_{i=1}^{n} w_i x_i \tag{5-8}$$

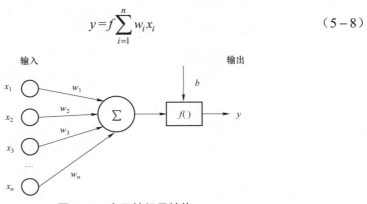

图 5-1 人工神经元结构

对于这种接收多维输入，且经过运算以及激活函数得到单一输出的网络，称为感知器。感知器结构简单，只能处理线性问题，因此要处理非线性问题，一般采用多层神经网络。除网络结构以外，激活函数也会对神经网络的输出产生重要影响。

5.4.3　BP 神经网络

BP 神经网络是 1986 年由瑞姆哈特和迈克兰德提出的一种按照误差逆向传播算法训练的多层前馈神经网络。由于 BP 神经网络具有结构简单、非线性映射能力强、容错性好、拓扑结构多元化等优势，因而广泛应用于众多领域。

BP 神经网络的学习过程可简单分为两部分：信息的前向传播和误差的反向传播。在信息的前向传播过程中，输入信号通过隐藏层神经元进行非线性变换后，在输出层得到实际输出。若在输出层的结果与期望输出相差较大，则对计算的均方误差进行反传，并将误差分配给各层神经元，以此作为权值调整的依据。不断重复此过程，使输出信号与期望输出的误差按照梯度下降的原则达到目标精度的要求。

BP 神经网络是目前广为应用的神经网络，它的信号向前传播，误差反向传播更新权值，使输出更接近真实数据。BP 神经网络由三层结构构成，分别为输入层、隐藏层和输出层。其中输入层、输出层均为单层，隐藏层可以设置多层网络。这样能够提高整个网络的运算能力，但是运算时间和复杂度也随之提升。以单层隐藏层的 BP 神经网络为例，其结构如图 5-2 所示。

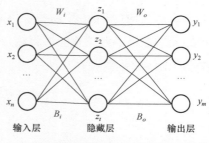

图 5-2　单层隐藏层 BP 神经网络结构

5.5　物元分析法

5.5.1　物元分析法简介

物元分析理论是我国著名学者蔡文教授于 1983 年首创的一门系统科学、思维科学和数学相互交叉的边缘学科，是一门介于数学和实验的学科。物元分析一诞生，便受到了国内外许多专家学者的重视。通过分析大量实例发现，人们在处理不相容问题时，必须将事物、特征及相应的量值综合考虑，才能构思出解决不相容问题的方法，更贴切地描述客观事物的变化规律，把解决矛盾问题的过程形式化。这种方法的主要思想是把事物用"事物、特征、量值"三个要素来描述，并组成有序三元组的基本元，即物元。物元分析理论研究事物的可变性，着重研究事物变化的条件、途径、规律和方法，是解决矛盾或不相容问题的有力工具，能够处理定量指标，对多因素指标体系进行综合评价，给出直观的评价结果，同时可以动态地进行评价指标体系的添加和删除而不会引起评价过程很大的变化。因此，在产品评优、灾情评估和预报、环境质量评价及环境工程方案评价等方面均得到广泛应用。

5.5.2 可拓集合与关联度

在物元分析基础上发展了多目标决策方法——可拓决策，即以可拓集合为数学工具，用关联函数来分析决策对象各目标间的相容性，通过物元变换化矛盾问题为相容问题。其基本思想是最大限度地满足主系统、主指标的要求，对非主系统中的矛盾问题进行物元变换，以此获得全局性的最佳决策。可拓决策不仅可对已有的方案进行评价和选优，还研究怎样产生更好的方案。它还可融入其他的决策技术，并且可引入人的智慧从而将定量计算与定性分析结合起来。基于可拓决策在许多方面获得了广泛应用。

物元反映了事物的质与量之间的关系以及事物的动态性，可以更贴近地描述客观事物变化的过程，它把事物、特征及相应的量值作为一个整体来研究，运用定性与定量相结合的方法解决矛盾问题。物元分析法是研究物元及其变化规律，并用于解决现实世界中不相容问题的有效方法。物元分析法不需要对指标进行无量纲化处理，通过关联函数判断对象与各个评价等级的关联程度，关联度可正可负。为了定量描述事物，建立可拓集合论和关联函数概念，把逻辑值从 $[0,1]$ 扩展到 $(-\infty,+\infty)$，用关联函数的量值大小（关联度）描述元素与集合的从属关系，表达集合各元素间层次关系。由于关联函数能用数学公式表达，使研究对象的定量成为可能。

设 U 为论域，K 为 U 到实域的一个映射，称 $\tilde{A}=\{(u,y)|u\in U, y=K(u)\in(-\infty,+\infty)\}$ 为论域 U 上的一个可拓集合，其中 $y=K(u)$ 为 $\tilde{A}$ 的关联函数，$K(u)$ 为 u 关于 $\tilde{A}$ 的关联度。可拓集合取 $(-\infty,+\infty)$ 的实数表示事物具有某种性质的程度，

正域表示具有该性质的程度，负域表示不具有该性质的程度，0 则表示该性质的分界。可拓集合中，建立了关联函数的概念。通过关联函数值可以定量地描述论域 U 中任何元素属于正域、负域和零界三个域中的哪一个，即使属于同一个域中的元素也可以由关联函数值的大小区分出不同的层次。

5.5.3 基于物元分析评估模型的评估方法

物元分析评估法是评估一个对象，包括事物、策略、方法等优劣的基本方法，该方法通过计算，直观地得到要比较对象之间的优劣差距。在完成建立评估对象的指标体系的基础上，利用基于物元分析的评估模型实现评价。具体实现过程如下：确定经典域物元矩阵和节域物元矩阵，确定待评物元，确定关联函数，确定权重系数，确定关联度及评价等级。

1. 确定经典域物元矩阵 R_j 与节域物元矩阵 R_p

$$R_j = (N_j, C, V) = \begin{bmatrix} N_j & C_1 & V_1 \\ & C_2 & V_2 \\ & \vdots & \vdots \\ & C_n & V_n \end{bmatrix} = \begin{bmatrix} N_j & C_1 & (a_1, b_1) \\ & C_2 & (a_2, b_2) \\ & \vdots & \vdots \\ & C_n & (a_n, b_n) \end{bmatrix} \quad (5-9)$$

$$R_p = (P, C, V_p) = \begin{bmatrix} P & C_1 & V_{p1} \\ & C_2 & V_{p2} \\ & \vdots & \vdots \\ & C_n & V_{pn} \end{bmatrix} = \begin{bmatrix} P & C_1 & (a_{p1}, b_{p1}) \\ & C_2 & (a_{p2}, b_{p2}) \\ & \vdots & \vdots \\ & C_n & (a_{pn}, b_{pn}) \end{bmatrix} \quad (5-10)$$

式中，N_j 表示评估所划分的第 $j(j=1,2,\cdots,k)$ 个等级；C_n 表示评估等级 n 的特征；V 为 N_j 关于特征 C 规定的取值范围，即各评估等级关于对应的特征数据的量化区分范围；P 表示评估等级全体；V_p 为 P 关于指标 C 的量值范围。

2. 确定待评物元 R_m

对待评事物 m，其各个指标数据用物元的形式来表示，称为事物 m 的待评物元 R_m。

$$R_m = \begin{bmatrix} m & c_1 & v_1 \\ & c_2 & v_2 \\ & \vdots & \vdots \\ & c_n & v_n \end{bmatrix} \quad (5-11)$$

式中，m 表示待评事物；v_n 为 m 关于指标 c_n 的量值，即待评物元的具体指标数据。

3. 确定关联函数

建立关联函数，计算关联度。

$$K_j(v_i) = \begin{cases} \dfrac{\rho(v_i, V_i)}{\rho(v_i, V_{pi}) - \rho(v_i, V_i)}, & v_i \notin [a_i, b_i] \\ \dfrac{-\rho(v_i, V_i)}{b_i - a_i}, & v_i \in [a_i, b_i] \end{cases} \quad (5-12)$$

式中，$K_j(v_i)$ 表示待评事物 m 的第 i 个指标 v_i 与评估等级 N_j 之间的关联函数；m_i 与对应的经典域物元矩阵 $\boldsymbol{R}_j$ 的矩表示为 $\rho(v_i, V_i) = |v_i - \dfrac{a_i + b_i}{2}| - \dfrac{b_i - a_i}{2}$；$m_i$ 与节域物元矩阵 $\boldsymbol{R}_p$ 的矩表示为 $\rho(v_i, V_{pi}) = |v_i - \dfrac{a_{pi} + b_{pi}}{2}| - \dfrac{b_{pi} - a_{pi}}{2}$。

4. 确定权重系数

由于属性集中各个属性对评价对象的影响与贡献不同，因此在确定了评价对象的属性集之后，必须确定各因素的主次地位，即各属性的权重。权重系数是某种数量形式对比、权衡被评价事物总体中诸多因素相对重要程序的量值。评价指标集 $C = \{C_1, C_2, \cdots, C_n\}$ 中各指标的权重系数表示各评价指标的重要程度，记为

$$W = \{w_1, w_2, \cdots, w_n\}, \sum_{k=1}^{n} w_k = 1 \quad (5-13)$$

5. 确定关联度及评价等级

$K_j(m) = \sum_{i=1}^{n} w_i K_j(v_i)$ 为事物 m 关于等级 N_j 的关联度，w_i 表示各指标权重系数。若 $K(m) = \max\limits_{j \in \{1,2,\cdots,k\}} K_j(m)$，则判定事物 m 隶属于评估等级 N_j 为最优。

5.6 云模型法

5.6.1 云模型简介

云模型是由云理论发展而来为解决系统综合评估中模糊性与随机性共存问

题的方法。李德毅院士在20世纪末最早提出云理论的雏形，经过二十几年的发展，云理论在数据挖掘及知识发现、算法改进、状态评估、决策支持、智能控制、网络安全、系统评测等方面均取得了一定的发展。云模型是解决系统综合评估中模糊性与随机性共存问题的方法，它把模糊性和随机性完全集成到一起，构成定性和定量之间的映射，减少了对专家的依赖，为定性与定量相结合的信息处理提供了有力手段。云模型虽然出现较晚，但由于具有的独特优点，已经成为评价多层次、多指标且评价指标的描述具有很强的模糊性和随机性的综合评价问题的有力工具。云模型已被广泛应用于复杂系统的综合评估中，并取得了理想的评估效果。例如，在信息通信指挥攻击系统（C4ISR 系统）性能评估、电子产品可靠性评估、军事电子信息系统性能测试、炮兵指挥效能评估、数据挖掘、教师课堂教学质量评价以及学生学习评价等综合性能和效能评估中，均建立了基于云模型的评估方法，并取得了良好的评估效果。

目前云模型已经应用到复杂系统的综合评估中，吴溪等针对装备维修性评估问题，利用云图和云滴分布的定性描述表示维修性综合评估结果。陈璐等建立了装甲兵作战体系效能评估指标体系，并运用云理论对装甲兵作战体系效能进行了有效评估。复杂综合评估中伴随广泛的不确定性，杜湘瑜等提出了基于云模型的定性变量与定量转换过程，并给出了详细的处理流程，利用云模型在不确定表示上的优势，最大限度保留了评估过程的固有不确定性。李丹提出了基于云模型的多属性评价方法，并通过理论分析、实例佐证了该方法的有效性。

5.6.2 云模型的类型

云模型是云的具体实现方法，是云运算、云推理、云控制、云聚类等方法的基础。

根据产生机理，云可以分为正向云和逆向云。由定性概念到定量表示的过程，即由云的数字特征产生云滴的过程，称为正向云发生器。由定量表示到定性概念的过程，即由云滴群得到云的数字特征的过程，称为逆向云发生器。其中正向云又包括基本正态云、X 条件云和 Y 条件云。根据计算准则，云可以划分为一维云、多维云、混合维云和虚拟云。另外，一些特殊的应用中常常会用到特殊的云模型类型，如半升云、半降云、梯形云、三角云等。在状态评估中概念的边界处可以采用半升云和半降云表示。

图 5-3 所示为一维正态云模型和二维正态云模型。图 5-4 所示为半升云与半降云模型。

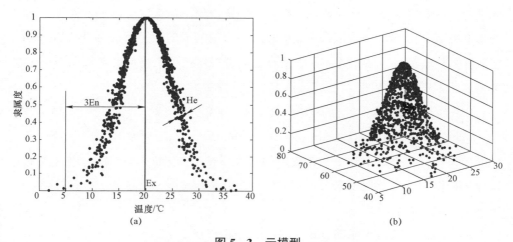

图 5-3 云模型
（a）一维正态云模型；（b）二维正态云模型

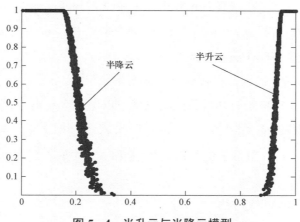

图 5-4 半升云与半降云模型

5.6.3 云模型评估方法实现步骤

1. 建立评估对象的指标体系

评估指标体系应该能够全面、真实地反映装备的健康状态，应该遵循可测性、完备性和独立性等原则。

2. 构建指标体系和健康状态等级云模型

（1）各评估指标的云模型表示

抽取各指标的状态值，并将各指标用云模型来表述。在给出的系统性能指标体系中，既有定量的精确数值，又有定性的语言值。定量值可以表示为熵和超熵均为 0 的云，即其数字特征为 $(Ex,0,0)$，语言值的云的数字特征为 (Ex, En, He)。提取 n 组数据组成决策矩阵，n 个精确数值型表示的一个指标就可以用一个云模型来表示，其数字特征为 (Ex, En, He)，其云模型为

$$Ex = (Ex_1 + Ex_2 + \cdots + Ex_n)/n \quad (5-14)$$

$$En = (\max(Ex_1, Ex_2, \cdots, Ex_n) - \min(Ex_1, Ex_2, \cdots, Ex_n))/6 \quad (5-15)$$

如果指标体系是由 n 个专家提出的云模型表示的定性概念，每个语言值型的指标也可以用一个云模型来表示，n 个语言值（云模型）表示的一个指标就可以用一个一维综合云来表征。其中

$$Ex = (Ex_1 En_1 + Ex_2 En_2 + \cdots + Ex_m En_n)/(Ex_1 + Ex_2 + \cdots + Ex_n) \quad (5-16)$$

$$En = En_1 + En_2 + \cdots + En_n \quad (5-17)$$

$$He = He_1 En_1 + He_2 En_2 + \cdots + He_m En_n \quad (5-18)$$

式中，Ex_m 为测得数据；$n = 1, 2, \cdots, p$ 为具体指标的值；m 为测试数据组数。

（2）健康状态等级的云模型表示

用一个 p 维综合云表示具有 p 个指标的系统状态。p 个指标可用 p 个云模型来刻画，那么 p 个指标所反映的系统状态就可以用一个 p 维综合云来表示。对于 p 维综合云的重心 T 用一个 p 维的向量来表示，即 $T = (T_1, T_2, \cdots, T_p)$，其中 $T_i = a_i b_i, i = 1, 2, \cdots, p$。当系统的状态发生变化时，其重心变化为 T'，$T' = (T_1', T_2', \cdots, T_p')$。

（3）确定待评价指标的权重系数

选择合适有效的指标权重计算方法，如层次分析法、熵值法或组合的方法来确定权重系数。

（4）求取加权偏离度综合云重心向量

假设理想状态下 p 维综合云重心的位置向量为 $\boldsymbol{a} = (Ex_1^0, Ex_2^0, \cdots, Ex_p^0)$，云重心的高度向量为 $\boldsymbol{b} = (b_1, b_2, \cdots, b_p)$，其中，$b_i = 0.371 w_i$。则理想状态下的云重心向量 $\boldsymbol{T}^0 = \boldsymbol{a} \times \boldsymbol{b}^T = (T_1^0, T_2^0, \cdots, T_p^0)$。同理可以得到某一状态下系统的 p 维综合云重心

向量 $\boldsymbol{T} = (T_1, T_2, \cdots, T_p)$。

用加权偏离度(θ)来衡量这两种状态下综合云的重心的差异情况（θ 值越小表示差异越不明显，θ 值越大表示差异越显著）。

首先将某一状态下的综合云重心向量归一化，得到一组向量 $\boldsymbol{T}^G = (T_1^G, T_2^G, \cdots, T_p^G)$。其中

$$T_i^G = \begin{cases} (T_i - T_i^0)/T_i^0, & T_i < T_i^0 \\ (T_i - T_i^0)/T_i, & T_i \geq T_i^0 \end{cases} \quad T_i = a_i b_i, i = 1, 2, \cdots, p \quad (5-19)$$

由上述过程可知，当 $T_i < T_i^0$ 时，有

$$\begin{aligned} T_i^G &= (T_i - T_i^0)/T_i^0 = (a_i b_i - a_i^0 b_i^0)/a_i^0 b_i^0 \\ &= (0.371\,\mathrm{Ex}_i w_i - 0.371\,\mathrm{Ex}_i^0)/0.371\,\mathrm{Ex}_i^0 = (\mathrm{Ex}_i w_i - \mathrm{Ex}_i^0)/\mathrm{Ex}_i^0 \end{aligned}$$
$$(5-20)$$

式中，w_i 为各指标的权重。

同理可得，当 $T_i \geq T_i^0$ 时，有

$$T_i^G = (\mathrm{Ex}_i w_i - \mathrm{Ex}_i^0)/\mathrm{Ex}_i \quad (5-21)$$

通过式（5-20）和式（5-21）的推导，在归一化过程中省去了云重心高度向量的计算，简化了计算过程。

经归一化之后，表征系统状态的综合云重心向量均为有大小、有方向、无量纲的值。把各指标归一化之后的向量值乘以其权重值，然后再相加，取平均值后得到加权偏离度 θ 的值。

$$\theta = \sum_{i=1}^{p} w_i T_i^G \quad (5-22)$$

式中，w_i 为第 i 个单项指标的权重值。

根据健康度的定义，结合加权偏离度计算装备健康度

$$H = 1 - \theta = 1 - \sum_{i=1}^{p} w_i T_i^G \quad (5-23)$$

（5）用云模型实现评价评语集

采用由 k 个评语组成的评语集，将这 k 个评语置于连续的语言值标尺上，并且将每个语言值都用云模型来实现，从而构成一个定性评测的云发生器。再利用装备健康度这个指标对结果进行判定。

5.7 基于云相似度-物元模型的综合评估方法

传统的物元模型所建立的标准云物元中，V 是一个数值，其关联函数的计算也是基于确定数值推导的。而在实际情况中，V 可能是一个不确定的值，V 附近的数值具有亦此亦彼性，即模糊性；同时，统计规律显示，V 有时应该在一个相对稳定的范围，且服从某种分布，即随机性。因此，如果仍采用一个确定数值来建立物元并计算关联函数显然是不够完善的。而云模型是一种反映自然中事物或人类知识中的双重不确定性的数学理论。因此，通过将正态云模型和云相似度引入物元分析理论中，将事物 N 的特征值 V 用正态云模型 $(\mathrm{Ex, En, He})$ 代替，对物元进行重新构造，用云相似度作为实际云与标准云之间的关联度，建立了云相似度-物元评估模型，提出了一种基于云相似度-物元模型的装备健康状态综合评估方法。该方法解决了物元模型在解决定性问题上的不足，同时在对健康等级进行判定和优度评价时，用云相似度代替云重心偏离度作为判据，克服了以往云模型评估中以云重心偏离度来表示结果抽象且无法判断与评价各个等级的具体关联度的缺点，使评价结果更加直观，评估信息更为丰富，更好地将评估结果进行有效反馈。

此方法有 3 个要素：指标集（U）、权重因子集（W）和评价集（V）。评价指标按需要可以划分为多级层次结构，根据需要从系统指标层次的第 n 层开始，运用云模型评估法进行评判，并将评估结果传递给第 $n-1$ 层。再依次分层进行评估，直至得到需要评价的那一层指标的评估结果。

物元是事物、特征及事物特征值组成的三元组，记作 $R=(N,C,V)$。将特征值 V 用正态云模型 $(\mathrm{Ex, En, He})$ 代替，称为正态云-物元模型，表示为

$$R = \begin{bmatrix} N & C_1 & (\mathrm{Ex}_1, \mathrm{En}_1, \mathrm{He}_1) \\ & C_2 & (\mathrm{Ex}_2, \mathrm{En}_2, \mathrm{He}_2) \\ & \vdots & \vdots \\ & C_n & (\mathrm{Ex}_n, \mathrm{En}_n, \mathrm{He}_n) \end{bmatrix} \qquad (5-24)$$

通过计算云相似度建立指标云与各等级物元的关联度，然后结合权重实现对

装备健康状态的评估,完成对状态等级的判定。基于云相似度-物元模型的综合评估方法实现的具体过程如图5-5所示。

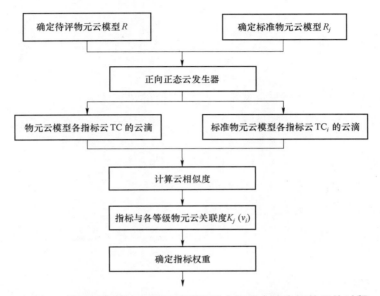

图5-5 基于云相似度-物元模型的综合评估方法实现的具体过程

5.7.1 构建标准物元云模型

首先根据各指标划分等级,确定评估各标准物元云模型,表示为

$$\boldsymbol{R}_{0j} = \begin{bmatrix} N_j & C_1 & (\text{Ex}_1, \text{En}_1, \text{He}_1) \\ & \vdots & \vdots \\ & C_n & (\text{Ex}_n, \text{En}_n, \text{He}_n) \end{bmatrix} \quad (5-25)$$

式中,$\boldsymbol{R}_{0j}$ 为评估所划分出的等级;N_j 为等级 R_j 下的标准对象;C_i 为评价指标($i=1,2,\cdots,n$);($\text{Ex}_i, \text{En}_i, \text{He}_i$) 为 $\boldsymbol{R}_{0j}$ 关于 C_i 的正态云表示,即物元模型中的经典域。

5.7.2 构建待评物元云模型

对于待评事物 P,如果指标 C_i 为确定的量值,则可以使用一般物元方法具体数值来表示,即将待评事物表示为

$$R = \begin{bmatrix} P & C_1 & V_1 \\ & C_2 & V_2 \\ & \vdots & \vdots \\ & C_n & V_n \end{bmatrix} \quad (5-26)$$

式中，P 为待评事物；$V_i (i=1, 2, \cdots, n)$ 为 P 关于指标 C_i 的量值，即所获待评事物的具体数据。

如果待评对象的性质只能采用自然语言值的描述方式，则可将其表示为

$$R = \begin{bmatrix} P & C_1 & (\text{Ex}_1, \text{En}_1, \text{He}_1) \\ & \vdots & \vdots \\ & C_n & (\text{Ex}_n, \text{En}_n, \text{He}_n) \end{bmatrix} \quad (5-27)$$

式中，$(\text{Ex}_1, \text{En}_1, \text{He}_1)$ 为待评事物 P 的性质采用自然语言值描述的云表示。

1. 区间定量指标的云模型描述

对于区间数值转换成云可采用指标近似法，即将区间数值看成一个双约束的指标 $[C_{\min}, C_{\max}]$。

2. 定性指标的云模型描述

如果指标 C_i 为定性指标，应对专家评语进行云模型量化，定性指标量化的关键在于合理度量专家对该指标的定性认识，而云模型具有良好的模糊性和随机性表达优势。首先将专家 1～专家 n 给出的指标定性评语转换为云模型表达形式，然后进行合并运算将专家评语云合成综合云模型，其步骤如图 5-6 所示。

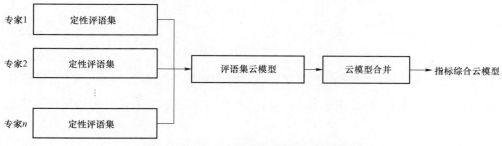

图 5-6　定性指标云模型量化处理步骤

① 由评估专家按照一定的标准给出定性指标的评价结果。定性指标主观判断性较强，表示程度、情况、能力等的指标一般用"好""较好""一般""差""很差"等定性语言来描述。

② 定性评语集的云模型表示。由于自然语言的模糊性，造成定性指标无

法进行综合处理，因此需要对其进行量化。规定评语集所对应的数域为 [0,1]，评语集中每个评语对应数域的一个变化区间，对于中间区段存在双边约束（C_{min}, C_{max}），评语用云模型来描述。评语云模型表达形式为：$TC_j = (Ex_j, En_j, He_j), j \in [n, n+1]$，量化后可用公式计算。

③ 评语集云模型合并。对于某一定性评价指标，n 位专家提出的 n 个语言值（云模型）表示的定性变量，其云模型描述方式可以采用一个一维综合云来表征。将多个云模型按照不同权重合并成综合云模型的过程称为云模型的合并，设 $TC_i = (Ex_i, En_i, He_i), i \in [1, m]$ 为评语云模型，则

$$\begin{cases} Ex_i = (C_{max} + C_{min})/2 \\ En_j = (C_{max} - C_{min})/6 \\ He_j = \sigma \end{cases} \quad (5-28)$$

其中 He 的值 σ 为常数，可根据具体的指标的不确定性和随机性具体调整。

$$TC(Ex, En, He) = TC_1 \oplus TC_2 \oplus \cdots \oplus TC_n = \begin{cases} Ex = \frac{1}{m}\sum_{i=1}^{n} Ex_i \\ En = \frac{1}{m}(\sum_{i=1}^{n} En_i^2)^{\frac{1}{2}} \\ He = \frac{1}{m}\sum_{i=1}^{n} He_i \end{cases} \quad (5-29)$$

经过计算最终指标综合物元云模型表示为

$$R = \begin{bmatrix} P & C_1 & (Ex_1, En_1, He_1) \\ & C_2 & (Ex_2, En_2, He_2) \\ & \vdots & \vdots \\ & C_n & (Ex_n, En_n, He_n) \end{bmatrix} \quad (5-30)$$

式中，(Ex_i, En_i, He_i) 为待评事物性质评语的云模型描述表示。

5.7.3 确定待评事物 P 各指标与标准云各评判等级间的关联度

根据物元云模型定义，此处指标关联度计算方法与标准物元理论的关联度计算不同，通过结合云相似度算法对物元云关联度进行计算，较好地利用云模型处理定性指标的优势进行指标关联度量化计算。

1. 确定性数值与标准云物元关联度

对于确定性数值指标表示的物元与云模型表示的物元之间的关联度，可通过

计算云模型的确定度转换为物元模型的关联度。把指标数值看作一个云滴 x，计算该云滴 x 关于标准正态物元云 TC_j 的确定度。云模型确定度的具体计算步骤如下。

① 生成以 En 为期望值、He 为方差的一个正态随机数 $En' = N(En, He)$。

② 令该数值为 x，称为云滴。

③ 计算 $y_i = \exp\dfrac{-(x-Ex)^2}{2(En')^2}$，$y_i$ 为数值 x 关于正态物元云 TC_j 的确定度，数值 x 与正态物元云 TC_j 的关联度为 $y = (y_1 + y_2 + \cdots + y_n)/n$。

2. 区间数值表示的事物指标与标准云物元关联度

对于定性指标与标准云物元的关联度，可利用公式先将区间数值转换为云模型表示，再运用云与云关联度的计算方法进行计算，即计算云相似度。

3. 用云相似度计算定性指标云模型与标准云物元的关联度

设两个正态物元云：实际云 $TC = (Ex, En, He)$ 和标准云 $TC_j = (Ex_j, En_j, He_j)$，其中 TC_j 为等级 N_j 的标准物元云模型。

5.7.4 确定指标权重系数

由于指标体系中各个指标对评价对象的影响与贡献不同，因此在确定了评价对象的指标体系之后，必须确定各因素的主次地位，即各指标权重。确定指标权重的方法很多，概括起来可分为主观赋权法、客观赋权法和结合主客观两种方法的综合赋权法，如表 5-2 所示。

表 5-2 确定指标权重的方法

类型	原理	方法
主观赋权法	以经验为基础的方法	经验法、专家打分法等
	以相对重要性比较为基础的方法	层次分析法、二项系数加权法等
客观赋权法	以偏差程度为基础的方法	熵权法、标准差法等
	以指标间对比强度和重要性为基础的方法	CRITIC 法[①]
综合赋权法	主、客观赋权方法的综合	层次分析法与熵值法

---

① CRITIC 法：criteria importance though intercriteria correlation.

最早采用的赋权方法是以经验为基础的主观赋权法，随后出现了在主观评价的基础上引入思维定量化思路，即以指标之间的相对重要程度为基础的主观赋权法，目前这类方法是指标权重确定方法的主流，其中又以层次分析法应用最为广泛。

客观赋权法是指利用指标所反映的客观信息确定权重的一种方法，客观赋权法确定的权重值虽然在大多数情况下客观依据较强，但有时会与指标实际重要程度相悖，而且解释性较差。这类方法研究很不完善，计算方法比较烦琐，目前很少在实践中应用。

综合赋权法是为了使指标的赋权达到主观与客观的统一，融合了主观赋权和客观赋权法的优点，例如，将层次分析法、主成分分析法综合应用于指标权重的确定。但此方法目前研究的并不深入，方法融合问题没有得到很好的解决。

层次分析法也是确定权重应用最成熟的方法。标准层次分析法首先建立递阶层次结构，采用专家打分方式建立两两判断矩阵，再利用数学方法确定每一层次全部因素相对重要性次序的权值并进行一致性检验，最后计算各层次元素对总目标的合成权重 w_{j1}。由于层次分析法应用已十分广泛，其计算过程在此不再赘述，具体计算步骤可参考相关文献。

熵值法就是用指标熵值来确定权重。熵是信息论中测定不确定性的量，信息量越大，不确定性就越小，熵也越小；反之，信息量越小，不确定性就越大，熵也越大。熵值法是突出局部差异的权值计算方法，它根据同一指标观测值之间的差异程度来反映其重要程度。若各个指标的权重系数的大小应根据各个方案中该指标属性值的大小来确定时，指标观测值差异越大，则该指标的权重系数越大，反之越小。基于以上分析，可采用将主观和客观都考虑在内，利用层次分析法与熵值法相结合来确定各评价指标的权重。

一般地，将评价对象集记为 $\{A_i\}(i=1,2,\cdots,m)$，用于评估的指标集记为 $\{X_j\}(j=1,2,\cdots,n)$，用 x_{ij} 表示第 i 个方案第 j 个指标的原始值。熵值法的计算过程如下。

① 将 x_{ij} 做正向化处理，并计算第 j 个指标第 i 个方案所占的比重 p_{ij}。

$$p_{ij} = \frac{x_{ij}}{\sum_{i=1}^{m} x_{ij}} \quad (i=1,2,\cdots,m; j=1,2,\cdots,n) \quad (5-31)$$

② 计算第 j 个指标的熵值 e_j。

$$e_j = -k \sum_{i=1}^{m} p_{ij} \ln p_{ij} \quad (j=1,2,\cdots,n; k \geqslant 0; e_j \geqslant 0) \quad (5-32)$$

③ 计算第 j 个指标的差异系数 g_j。

$$g_j = 1 - e_j \quad (j=1,2,\cdots,n) \quad (5-33)$$

④ 计算第 j 个指标的权重 w_{j2}。

$$w_{j2} = \frac{g_j}{\sum_{j=1}^{n} g_j} \quad (j=1,2,\cdots,n) \quad (5-34)$$

⑤ 运用加法集成法,得到最终的指标权重为

$$w_j = a w_{j1} + b w_{j2}$$

式中, $a = \frac{1}{n}(p_1 + 2p_2 + \cdots + np_n) - \frac{n+1}{n}$, $a+b=1$; $(p_1,p_2,\cdots,p_n)$ 为对主观权重向量按升序排列后求得的对应分量; n 为评估指标个数。

5.7.5 判定各指标评价等级

计算指标关于等级 N_j 的关联度 $K_j(v_i)$,根据隶属度最大的原则,进行综合等级评价的确定,若 $K_j = \max_{j=1,2,\cdots,n} K_j(v_i)$,则评定指标评价属于等级 N_j。

5.7.6 判定单装备的评估等级

根据各个指标获得的评价等级,加权处理后,获得单个装备的评估结果。

5.7.7 整个装备群组的评估结果

对于多层次的评估体系,可采用层次分析法由下而上逐层递推,根据下层评估指标值计算上一层次指标的评估结果,根据算出的各等级关联度值,再向上递推到目标层,最终确定整个装备群组的评估结果,计算公式可

表示为

$$K_j(P) = \sum_{m=1}^{M} \left[w_m \sum_{n=1}^{N} w_{mn} K_j(v_i) \right] \qquad (5-35)$$

式中，$K_j(P)$ 为总的评估结果；w 为一、二级指标相对权重；$K_j(v_i)$ 为指标关于各个等级的关联度；M、N 为一、二级指标的数量。

本书提出的"部件—单装备—装备群组"健康状态评估模型不仅计算过程简单、易于计算机编程实现，而且有效解决了装备健康状态信息不完全、装备健康状态之间关系模糊等问题，可以应用于工程实践之中。需要说明的是，这里的评估模型不仅适用于这种三级层次关系的其他产品（如"部件—发动机—发动机群组"等），也适用于完整意义上的装备群组（如"部件—自行火炮—自行火炮群组"等），另外，还可以拓展成为一个战斗群组，如炮兵群组、防空群组等，因此该模型应用范围可以拓展，更具有普适性。

5.8 综合评估模型在自行火炮发动机健康状态评估中的应用

5.8.1 基本原理

发动机是自行火炮动力系统的核心装备，其性能和健康状况的好坏直接影响到自行火炮能否正常运转，发动机故障严重时会带来重大的经济损失，甚至导致任务失败。因此，对发动机的健康状态进行评估具有重要的意义。

对于由多个装备组成的装备群组的评估，按以往采用简单的定性分析方法时，主要是依靠专家的经验来判断。例如，10 个装备中有 5 个装备的健康状态为"健康"，3 个为"亚健康"，2 个为"一般劣化"，很容易得出结论：由这 10 个装备组成的装备群组健康状态为"健康"。这样的结论由于缺少客观依据，不一定能够正确描述整个装备系统实际的健康程度，这样在给指挥员提供决策信息时就可能有误，从而影响整个装备群组执行任务的能力，甚至导致失败，造成不可挽回的后果。对于一个装备群组来说，可以利用物元的可拓性质，将装备按照层次分级，对重点需要评估的项目以由下而上的方式逐层评估，利用下一层的评估结果加权后判定上一层的评估结果，直至最高一层完成此次装备群组的评估。

本节以某自行火炮发动机为评估对象,利用本书建立的云相似度-物元综合评估模型对自行火炮发动机进行健康状态评估,并探讨这些方法在装备应用的效果,对前面建立的理论模型从实践上加以验证,从而为这些模型和方法应用于 PHM 系统打下坚实基础。

5.8.2 基于综合评估模型的自行火炮发动机健康状态评估

1. 构建标准物元云模型

根据前面的装备等级划分标准,将自行火炮发动机的健康状态评价等级分为五级,即"健康""亚健康""一般劣化""严重劣化""故障"。在针对定性评语描述等级时也采用五级标度进行等级划分,如"好""较好""一般""差""很差",约定这五个对定性评语描述的等级与装备健康状态等级是一一对应的,只是针对不同评价对象时的习惯称呼不同而已,譬如,当一个装备被定性为"好",其状态等级就属于"健康","较好"就属于"亚健康"等。

根据专家组讨论对各定性指标评语进行区间量化,再根据定性评语集的云模型表示方法,利用式(5-29)求出各评语的期望值、熵和超熵。定性指标评语量化及对应云模型表示对照如表 5-3 所示。

表 5-3 定性指标评语量化及对应云模型表示对照

评语	量化范围	云特征（Ex, En, He）
好	[0.9, 1]	(1.000, 0.017, 0.001)
较好	[0.7, 0.9)	(0.800, 0.033, 0.002)
一般	[0.4, 0.7)	(0.550, 0.050, 0.005)
差	[0.2, 0.4)	(0.300, 0.033, 0.002)
很差	[0, 0.2)	(0.100, 0.033, 0.002)

各定性指标评语"好""较好""一般""差""很差"的云模型表示如图 5-7 所示。

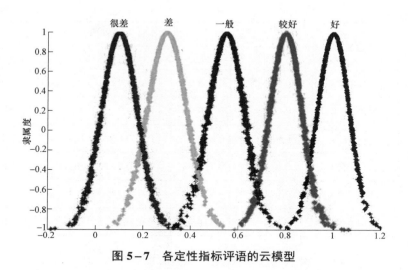

图 5-7　各定性指标评语的云模型

评价等级的量化区间由专家组结合部队实际情况分析给出,二级指标中 3 个定性指标评价等级划分情况如表 5-4 所示。

表 5-4　二级指标中 3 个定性指标评价等级划分情况

代码	指标名称	评价等级分级标准				
U_{41}	维修影响度	好	较好	一般	差	很差
U_{42}	环境适应度	好	较好	一般	差	很差
U_{51}	维修价值	好	较好	一般	差	很差

将各定性指标评语进行区间量化并标准量化后,生成的发动机 9 个二级评估指标的评价等级分级标准如表 5-5 所示。

表 5-5　发动机 9 个二级评估指标评价等级分级标准

代码	指标名称	评价等级分级标准				
		好	较好	一般	差	很差
U_{11}	平均无故障时间	[0.9, 1]	[0.7, 0.9)	[0.4, 0.7)	[0.2, 0.4)	[0, 0.2)
U_{12}	平均修复时间	[0.9, 1]	[0.7, 0.9)	[0.4, 0.7)	[0.2, 0.4)	[0, 0.2)
U_{21}	可用度	[0.96, 1]	[0.9, 0.96)	[0.85, 0.9)	[0.8, 0.85)	[0, 0.8)

续表

代码	指标名称	评价等级分级标准				
		好	较好	一般	差	很差
U_{31}	比油耗	[0.9, 1]	[0.7, 0.9)	[0.4, 0.7)	[0.2, 0.4)	[0, 0.2)
U_{32}	振动烈度	[0.9, 1]	[0.7, 0.9)	[0.4, 0.7)	[0.2, 0.4)	[0, 0.2)
U_{33}	平均有效压力	[0.9, 1]	[0.8, 0.9)	[0.6, 0.8)	[0.4, 0.6)	[0, 0.4)
U_{41}	维修影响度	[0.9, 1]	[0.7, 0.9)	[0.4, 0.7)	[0.2, 0.4)	[0, 0.2)
U_{42}	环境适应度	[0.9, 1]	[0.7, 0.9)	[0.4, 0.7)	[0.2, 0.4)	[0, 0.2)
U_{51}	维修价值	[0.9, 1]	[0.7, 0.9)	[0.4, 0.7)	[0.2, 0.4)	[0, 0.2)

根据式（5-30），各等级"健康 N_1""亚健康 N_2""一般劣化 N_3""严重劣化 N_4""故障 N_5"的标准物元云模型 R_j 可表示为

$$R_1 = \begin{bmatrix} N_1 & C_{01} & (1, 0.017, 0.001) \\ & C_{02} & (1, 0.017, 0.001) \\ & C_{03} & (1, 0.006\,7, 0.001) \\ & C_{04} & (1, 0.017, 0.001) \\ & C_{05} & (1, 0.017, 0.001) \\ & C_{06} & (1, 0.017, 0.001) \\ & C_{07} & (1, 0.017, 0.001) \\ & C_{08} & (1, 0.017, 0.001) \\ & C_{09} & (1, 0.017, 0.001) \end{bmatrix}, R_2 = \begin{bmatrix} N_2 & C_{01} & (0.8, 0.033, 0.002) \\ & C_{02} & (0.8, 0.033, 0.002) \\ & C_{03} & (0.93, 0.01, 0.001) \\ & C_{04} & (0.8, 0.033, 0.002) \\ & C_{05} & (0.88, 0.033, 0.002) \\ & C_{06} & (0.85, 0.017, 0.001) \\ & C_{07} & (0.8, 0.033, 0.002) \\ & C_{08} & (0.08, 0.033, 0.002) \\ & C_{09} & (0.08, 0.033, 0.002) \end{bmatrix}$$

$$R_3 = \begin{bmatrix} N_3 & C_{01} & (0.55, 0.05, 0.005) \\ & C_{02} & (0.55, 0.05, 0.005) \\ & C_{03} & (0.875, 0.008, 0.001) \\ & C_{04} & (0.55, 0.05, 0.005) \\ & C_{05} & (0.55, 0.05, 0.005) \\ & C_{06} & (0.7, 0.033, 0.002) \\ & C_{07} & (0.55, 0.075, 0.005) \\ & C_{08} & (0.55, 0.075, 0.005) \\ & C_{09} & (0.55, 0.075, 0.005) \end{bmatrix}, R_4 = \begin{bmatrix} N_4 & C_{01} & (0.3, 0.033, 0.002) \\ & C_{02} & (0.3, 0.033, 0.002) \\ & C_{03} & (0.825, 0.008, 0.001) \\ & C_{04} & (0.3, 0.033, 0.002) \\ & C_{05} & (0.3, 0.033, 0.002) \\ & C_{06} & (0.5, 0.033, 0.002) \\ & C_{07} & (0.3, 0.033, 0.002) \\ & C_{08} & (0.3, 0.033, 0.002) \\ & C_{09} & (0.3, 0.033, 0.002) \end{bmatrix}$$

$$R_5 = \begin{bmatrix} N_5 & C_{01} & (0.1, 0.033, 0.002) \\ & C_{02} & (0.1, 0.033, 0.002) \\ & C_{03} & (0.4, 0.133, 0.005) \\ & C_{04} & (0.1, 0.033, 0.002) \\ & C_{05} & (0.1, 0.033, 0.002) \\ & C_{06} & (0.2, 0.067, 0.005) \\ & C_{07} & (0.1, 0.033, 0.002) \\ & C_{08} & (0.1, 0.033, 0.002) \\ & C_{09} & (0.1, 0.033, 0.002) \end{bmatrix}$$

2. 构建待评物元云模型

（1）定性指标云模型表示

组织 10 名专家对发动机三个定性指标的状态进行测评，测评结果如表 5-6 所示。

表 5-6　定性指标测评结果

专家	维修影响度	环境适应度	维修价值
1	好	好	较好
2	一般	好	差
3	较好	一般	一般
4	较好	较好	差
5	较好	较好	一般
6	好	好	较好
7	好	一般	一般
8	好	较好	一般
9	较好	较好	差
10	较好	好	较好

将各专家定性评语用相应的云模型特征值（Ex, En, He）来表征，Ex，En，He 为上述各定性指标的定量云表示值，分别组成决策矩阵 B_1，B_2，B_3。可参照

表 5-3 定性指标评语量化及对应云模型表示对照表完成。

$$B_1 = \begin{pmatrix} 1 & 1 & 0.8 \\ 0.55 & 1 & 0.3 \\ 0.8 & 0.55 & 0.55 \\ 0.8 & 0.8 & 0.3 \\ 0.8 & 0.8 & 0.55 \\ 1 & 1 & 0.8 \\ 1 & 0.55 & 0.55 \\ 1 & 0.8 & 0.55 \\ 0.8 & 0.8 & 0.3 \\ 0.8 & 1 & 0.8 \end{pmatrix}, B_2 = \begin{pmatrix} 0.017 & 0.017 & 0.033 \\ 0.050 & 0.017 & 0.033 \\ 0.033 & 0.050 & 0.050 \\ 0.033 & 0.033 & 0.033 \\ 0.033 & 0.033 & 0.050 \\ 0.017 & 0.017 & 0.033 \\ 0.017 & 0.050 & 0.050 \\ 0.017 & 0.033 & 0.050 \\ 0.033 & 0.033 & 0.033 \\ 0.033 & 0.017 & 0.033 \end{pmatrix}$$

$$B_3 = \begin{pmatrix} 0.001 & 0.001 & 0.002 \\ 0.005 & 0.001 & 0.002 \\ 0.002 & 0.005 & 0.005 \\ 0.002 & 0.002 & 0.002 \\ 0.002 & 0.002 & 0.005 \\ 0.001 & 0.001 & 0.002 \\ 0.001 & 0.005 & 0.005 \\ 0.001 & 0.002 & 0.005 \\ 0.002 & 0.002 & 0.002 \\ 0.002 & 0.001 & 0.002 \end{pmatrix}$$

再结合前面得到的定量指标规范化值,最终得到发动机健康状态定量和定性指标规范化值,如表 5-7 所示。

表 5-7 发动机健康状态定量和定性指标规范化值

监测时刻	平均无故障时间	平均修复时间	可用度	比油耗	振动烈度	平均有效压力	维修影响度	环境适应度	维修价值
t_1	0.916	0.925	0.868	0.973	0.753	0.888	1	0.9	0.8
t_2	0.876	0.855	0.719	0.657	0.823	0.756	0.55	0.5	0.3
t_3	0.898	0.398	0.574	0.742	0.811	0.816	0.80	0.85	0.55
t_4	0.786	0.735	0.363	0.611	0.423	0.441 7	0.80	0.8	0.3

续表

监测时刻	平均无故障时间	平均修复时间	可用度	比油耗	振动烈度	平均有效压力	维修影响度	环境适应度	维修价值
t_5	0.760	0.715	0.788	0.428	0.634	0.685	0.6	0.6	0.55
t_6	0.947	0.858	0.872	0.585	0.762	0.721	0.8	0.8	0.8
t_7	0.656	0.723	0.736	0.467	0.791	0.628	0.6	0.55	0.55
t_8	0.903	0.712	0.631	0.328	0.671	0.763	0.8	0.8	0.55
t_9	0.876	0.823	0.934	0.536	0.689	0.865	0.8	0.6	0.7
t_{10}	0.412	0.698	0.769	0.392	0.664	0.537	0.4	0.55	0.4

（2）评语集云模型合并

根据式（5-28）、式（5-29）、式（5-30）对决策矩阵 B_1，B_2，B_3 专家评语云模型进行合并运算，求得综合云模型三个定性指标期望、熵和超熵，如表 5-8 所示。

表 5-8 指标的期望、熵和超熵

评价指标	维修影响度	环境适应度	维修价值
Ex	0.715	0.695	0.550
En	0.100	0.067	0.083
He	0.005	0.003	0.005

由式（5-14）和式（5-15）求得 6 个定量指标的云模型的期望值和熵，并由此形成所有 9 个指标的云模型表示，如表 5-9 所示。

表 5-9 所有 9 个指标的云模型的期望值、熵和超熵

评价指标	平均无故障时间	平均修复时间	可用度	比油耗	振动烈度	平均有效压力	维修影响度	环境适应度	维修价值
Ex	0.803	0.752	0.725	0.572	0.702	0.708	0.715	0.695	0.550
En	0.084	0.088	0.095	0.108	0.067	0.077	0.100	0.067	0.083
He	0.005	0.005	0.005	0.005	0.003	0.005	0.005	0.003	0.005

因此，待评物元云模型 R 可表示为

$$R = \begin{bmatrix} N & C_{01} & (0.803, 0.084, 0.005) \\ & C_{02} & (0.752, 0.088, 0.005) \\ & C_{03} & (0.725, 0.095, 0.005) \\ & C_{04} & (0.572, 0.108, 0.005) \\ & C_{05} & (0.702, 0.067, 0.003) \\ & C_{06} & (0.708, 0.077, 0.005) \\ & C_{07} & (0.715, 0.100, 0.005) \\ & C_{08} & (0.695, 0.067, 0.003) \\ & C_{09} & (0.550, 0.083, 0.005) \end{bmatrix}$$

3. 计算指标与各评判等级间的关联度

根据物元云模型关联度算法，可得每个指标与各评价等级关系及关联度，各指标标准云模型与实际云模型关联关系对比如图 5-8 所示。

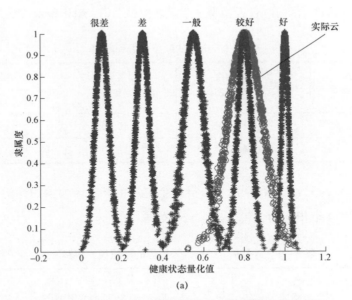

图 5-8　各指标标准云模型与实际云模型关联关系对比
(a)"平均无故障时间"标准云与实际云对比

第 5 章 装备健康状态综合评估方法及应用

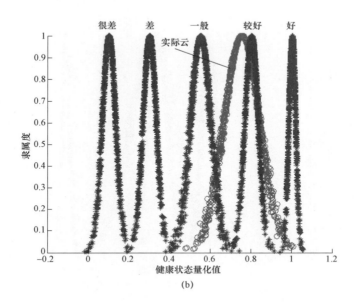

(b)

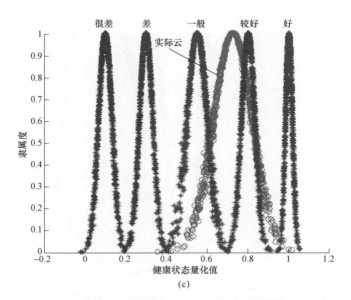

(c)

图 5-8　各指标标准云模型与实际云模型关联关系对比（续）
(b)"平均修复时间"标准云与实际云对比；(c)"可用度"标准云与实际云对比

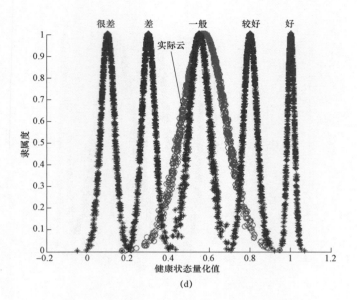

(d)

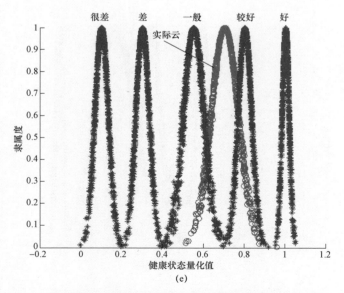

(e)

图 5-8　各指标标准云模型与实际云模型关联关系对比（续）

（d）"比油耗"标准云与实际云对比；（e）"振动烈度"标准云与实际云对比

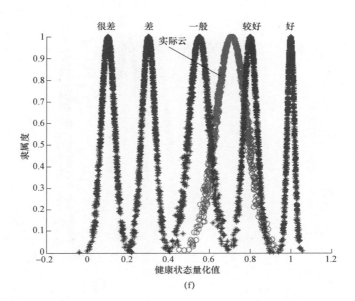

(f)

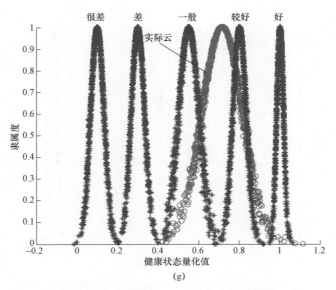

(g)

图 5-8 各指标标准云模型与实际云模型关联关系对比（续）

(f)"平均有效压力"标准云与实际云对比；(g)"维修影响度"标准云与实际云对比

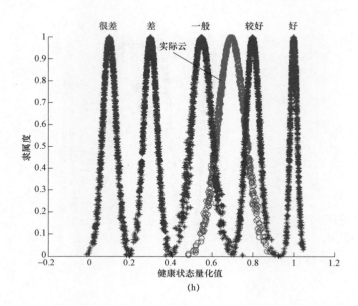

(h)

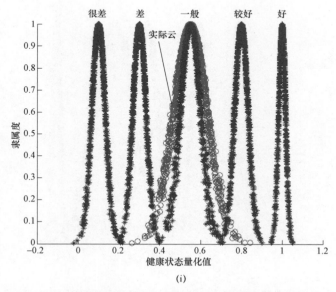

(i)

图 5-8 各指标标准云模型与实际云模型关联关系对比（续）

（h）"环境适应度"标准云与实际云对比；（i）"维修价值"标准云与实际云对比

采用 MATLAB 完成云相似度的计算，得出 9 个指标与各评价等级关联度，其计算结果如表 5-10 所示。

表 5-10 指标关联度结果

指标代码	指标名称	指标数据	评价指标关联度				
			好	较好	一般	差	很差
U_{11}	平均无故障时间	(0.803, 0.084, 0.005)	0.014 6	0.377 1	0.018 0	0	0
U_{12}	平均修复时间	(0.752, 0.088, 0.005)	0.002 3	0.305 7	0.070 1	0	0
U_{21}	可用度	(0.725, 0.095, 0.005)	0.001 5	0.232 3	0.133 9	0	0
U_{31}	比油耗	(0.572, 0.108, 0.005)	0	0.043 7	0.413 7	0.015 4	0
U_{32}	振动烈度	(0.702, 0.067, 0.003)	0	0.202 3	0.113 5	0	0
U_{33}	平均有效压力	(0.708, 0.077, 0.005)	0	0.217 9	0.124 7	0	0
U_{41}	维修影响度	(0.715, 0.100, 0.005)	0.003 8	0.228 3	0.158 1	0	0
U_{42}	环境适应度	(0.695, 0.067, 0.003)	0	0.165 7	0.145 1	0	0
U_{51}	维修价值	(0.550, 0.083, 0.005)	0	0.007 6	0.501 9	0.007 0	0

4. 确定指标权重系数

根据表 5-7 发动机健康状态定量和定性指标规范化值，建立相对隶属度矩阵，第一层的指标采用主观的层次分析法确定权重，第二层的指标采用客观的熵权值方法计算指标权重系数，这方面的算法文献比较多，具体计算过程在此不再列出。确定后的发动机各个状态指标的权重系数结果如表 5-11 所示。

表 5-11 发动机各个状态指标的权重系数结果

一级指标及其权重		二级指标及其权重	
可靠维修性 U_1	0.175	平均无故障时间 U_{11}	0.520 9
		平均修复时间 U_{12}	0.479 1

续表

一级指标及其权重		二级指标及其权重	
可用性 U_2	0.275	可用度 U_{21}	1
技术性能 U_3	0.275	比油耗 U_{31}	0.339 1
		振动烈度 U_{32}	0.326 9
		平均有效压力 U_{33}	0.334 0
影响和适应性 U_4	0.125	维修影响度 U_{41}	0.516 1
		环境适应度 U_{42}	0.483 9
经济性 U_5	0.150	维修价值 U_{51}	1

5. 判定健康状态评价等级

将 9 个指标与各评价等级关联度进行归一化，结合指标权重得到各层指标的评估结果和发动机的健康状态评估结果，如表 5–12 所示。

表 5–12 归一化后的指标关联度及评估结果

代码	指标或装备名称	评价指标关联度					评价等级
		健康	亚健康	一般劣化	严重劣化	故障	
		好	较好	一般	差	很差	
U	发动机	0.005 7	**0.510 7**	0.477 8	0.005 8	0	较好
U_1	可靠维修性	0.022 1	**0.869 0**	0.108 9	0	0	较好
U_2	可用性	0.004 1	**0.633 5**	0.362 4	0	0	较好
U_3	技术性能	0	0.406 7	**0.579 5**	0.013 8	0	一般
U_4	影响和适应性	0.005 6	**0.562 9**	0.431 5	0	0	较好
U_5	经济性	0	0.014 7	**0.971 7**	0.013 6	0	一般
U_{11}	平均无故障时间	0.014 6	**0.377 1**	0.018 0	0	0	较好
U_{12}	平均修复时间	0.002 3	**0.305 7**	0.070 1	0	0	较好

续表

代码	指标或装备名称	评价指标关联度					评价等级
		健康	亚健康	一般劣化	严重劣化	故障	
		好	较好	一般	差	很差	
U_{21}	可用度	0.001 5	**0.232 3**	0.133 9	0	0	较好
U_{31}	比油耗	0	0.043 7	**0.413 7**	0.015 4	0	一般
U_{32}	振动烈度	0	**0.202 3**	0.113 5	0	0	较好
U_{33}	平均有效压力	0	**0.217 9**	0.124 7	0	0	较好
U_{41}	维修影响度	0.003 8	**0.228 3**	0.158 1	0	0	较好
U_{42}	环境适应度	0	**0.165 7**	0.145 1	0	0	较好
U_{51}	维修价值	0	0.007 6	**0.501 9**	0.007 0	0	一般

6. 评估结果分析

由表 5-12 可以看出，根据相似关联度最大的原则判定隶属等级，发动机健康状态与各等级关联度的最大值为 0.510 7，对应评价等级为"较好"，但实际云与"一般"的等级关联度也较大，值为 0.477 8，因此，发动机应属于"较好"偏下更为贴切，即属于"较好"接近"一般"。由此，可以看出，基于云相似度-物元的综合评估方法不仅能够得到最终的评价等级，还能够进一步得到结果的更多细微信息。最终结果是该自行火炮发动机的健康状态为"较好"，即主要技术性能指标在允许的范围内，总体性能有所下降，但不会影响任务的完成，按计划进行维护并加强监控。

同样，从表 5-12 中可以看出，在被评价的 9 个二级指标中，除"比油耗"和"维修价值"被评定为"一般"，其他均为"较好"。因此，下一步需要重点关注影响"比油耗"和"维修价值"评价指标的项目，优先考虑有针对性地安排装备的使用计划和实施维护维修活动。

从该自行火炮实际的运行来看，该自行火炮装备服役时间不太长，进行过几次中继级维修，在经历了几次演习后，其性能有所下降，健康状态评估的结果与实际运行基本相符，能够较好地反映装备实际所处的状态。

由上述分析可知，评估的结果与发动机运行过程及专家对实际效果的直观感受是一致的，证明了评估模型的有效性。本方法除能够给出针对发动机指标的综合评估结论之外，还能够给出每层子指标的评估结果，得出各指标的云模型与各等级云模型关系，评估结果信息更加丰富，有助于装备健康评估水平的持续改进和提升。

5.8.3 基于综合评估模型的发动机群组健康状态评估

查阅大量资料发现，关于装备的健康评估方法大多是针对单个装备或某装备的部分装置进行评估，这些都属于单级评估的范畴。但是部队决策者往往更关心的是由多个装备组成的整体装备群组健康状态情况，以确保装备群组能够顺利执行部队作战任务。这种装备群组就属于多级综合评估。因此，需要在单个装备的基础上，通过评估方法把整个装备群组的健康状态提供给决策者参考。

下面给出从发动机到发动机群组健康状态评估的模型，如图 5-9 所示。

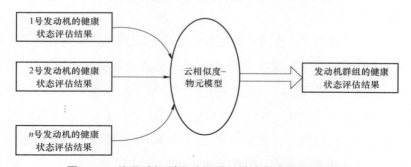

图 5-9　从发动机到发动机群组健康状态评估的模型

本书从单个装备的评估结果和各个装备健康状态之间的相互关系两个方面进行分析，由单个装备的健康状态得到装备群组的健康状态。由单个装备的健康状态评估结果是归一化相似度向量 $K_j = (K_1, K_2, \cdots, K_n)$（其中 n 为健康状态划分的等级），它描述了装备健康状态属于各个等级的关联度，即其健康状态隶属于各个等级的程度。因此，就得到了装备群组中各单个装备的健康等级，然后由组成装备群组的单个装备的健康程度和等级，确定整个装备群组的健康程度和等级。

假设某装备群组为一个建制连队配属的自行火炮群组，该自行火炮群由 6 辆自行火炮组成,下面利用基于云相似度-物元装备评估模型对由自行火炮群组中的 6 台发动机组成的发动机群组健康状态进行评估。

按照健康状态评估算法流程,对每台发动机的健康状态进行评定,其计算过程都是一样的,在这里就不一一列出。最终获得 6 台发动机与各等级之间的相似度值及评估结果,如表 5-13 所示。

表 5-13 6 台发动机与各等级之间的相似度值及评估结果

发动机编号	归一化相似度					等级
	健康	亚健康	一般劣化	严重劣化	故障	
1	0.005 7	**0.510 7**	0.477 8	0.005 8	0	亚健康
2	**0.492 8**	0.451 5	0.055 7	0	0	健康
3	0.396 4	**0.520 3**	0.083 3	0	0	亚健康
4	0.027 2	**0.505 7**	0.467 1	0	0	亚健康
5	**0.557 3**	0.442 7	0	0	0	健康
6	0.005 2	0.313 4	**0.653 7**	0.027 7	0	一般劣化

在评估的结果中,分别有 2 台发动机的健康等级为"健康"、3 台发动机的健康等级为"亚健康"、1 台发动机的健康等级为"一般劣化"。为了掌握处于相同等级的优劣程度,需要对 6 台发动机健康状态进行排序。按照前面云相似健康度的定义,计算得到 6 台发动机的云相似健康度,根据健康度得到发动机健康状态排序如表 5-14 所示。对应云相似健康度如图 5-10 所示。

表 5-14 发动机健康状态排序

发动机编号	1	2	3	4	5	6
云相似健康度	0.159 7	0.194 5	0.160 1	0.159 5	0.196 8	0.129 4
健康排序	4	2	3	5	1	6

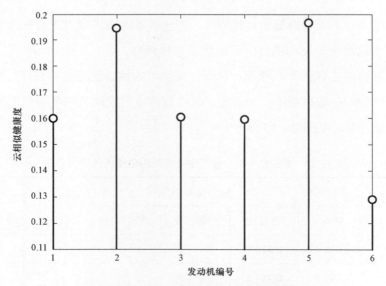

图 5-10　6 台发动机的云相似健康度

6 台发动机按健康度从大到小排序为编号 5、编号 2、编号 3、编号 1、编号 4、编号 6。

将各相似关联度向量作为评判矩阵单个装备的隶属度向量，得到综合评判矩阵

$$R = \begin{bmatrix} 0.0057 & 0.5107 & 0.4778 & 0.0058 & 0 \\ 0.4928 & 0.4515 & 0.0557 & 0 & 0 \\ 0.3964 & 0.5203 & 0.0833 & 0 & 0 \\ 0.0272 & 0.5057 & 0.4671 & 0 & 0 \\ 0.5573 & 0.4427 & 0 & 0 & 0 \\ 0.0052 & 0.3134 & 0.6537 & 0.0277 & 0 \end{bmatrix}$$

其中有 2 辆自行火炮为战备装备，4 辆自行火炮为训练装备，计算单台发动机的健康状态的权重向量，得出

$$W = \{0.25, 0.25, 0.125, 0.125, 0.125, 0.125\}$$

从而算出 6 台发动机及发动机群组的健康状态等级，如表 5-15 所示。按照最大隶属度原则，可以判定发动机群组的整体健康状态为"亚健康"。实际情况是 6 辆自行火炮编在某种建制级别内，6 号自行火炮作为改装训练用装备，使用时间最长，它的健康状态最差；6 辆自行火炮服役时间都不太长，没有大修记录，装备整体运行良好。可见，本书建立的"模块/部件—单装备—装备群组"三级健

康状态评估模型是有效可行的。

表 5-15 6 台发动机及发动机群组健康状态等级评估结果

装备编号	归一化相似度					等级
	健康	亚健康	一般劣化	严重劣化	故障	
发动机群组	0.247 9	**0.463 3**	0.283 9	0.004 9	0	亚健康
1	0.005 7	**0.510 7**	0.477 8	0.005 8	0	亚健康
2	**0.492 8**	0.451 5	0.055 7	0	0	健康
3	0.396 4	**0.520 3**	0.083 3	0	0	亚健康
4	0.027 2	**0.505 7**	0.467 1	0	0	亚健康
5	**0.557 3**	0.442 7	0	0	0	健康
6	0.005 2	0.313 4	**0.653 7**	0.027 7	0	一般劣化

本章提出的装备健康状态综合评估模型不仅计算过程简单、易于计算机编程实现，而且有效解决了装备健康状态信息不完全、装备健康状态之间关系模糊等问题，可以应用于工程实践。需要说明的是，这里的装备健康状态综合评估模型不仅适用于具有这种三级层次关系的其他部件（如自动机群组等），还适用于具有多层关系的完整意义上的装备群组（如自行火炮群组、坦克群组、防空群组等），扩大了模型的应用范围。

第 6 章

装备剩余使用寿命预测方法及应用

6.1 基于滤波剩余使用寿命预测模型研究

6.1.1 滤波模型的理论基础

对装备退化状态进行监测,可以得到能够直接和间接反映装备退化状态的数据。一般来说,采用直接状态数据对装备退化过程进行分析,能够准确地预测装备的剩余使用寿命。但在实际状态监测过程中,由于受到装备自身结构、经济性、技术性等要求的限制,往往很难或很少采集到直接状态数据。另外,随着状态监测技术的不断发展和检测手段的不断更新,可以获得大量可用的间接状态数据。由于间接状态数据与装备实际退化状态之间存在一定的不确定性关系,因此如何利用间接状态信息建立装备的剩余使用寿命预测模型,成为目前研究的重点和难点。

1960 年 R. E. Kalman 首次提出了 Kalman 滤波,其能够从一系列包含噪声且不完全的测量信息中,对动态系统的演化过程进行估计,适用于多维随机估计过程。Kalman 滤波假设系统状态随时间的演化过程可由一个不可观测的状态变量序列所确定,而与该序列伴随的则是一个可观测的变量序列,即间接状态信息。

状态变量是一个能够体现装备系统运行状态的参数。在实际的工程应用领域,状态变量往往具有一定的物理含义,例如,在装备机械部件的状态退化分析中,可以将磨损、腐蚀、裂纹等直接状态参数作为状态变量。由于这些状态参数直接表现了装备当前的健康状态,因此也可以将装备剩余使用寿命作为状态变量。以状态变量 x_i 表征动态系统在 t_i 时刻的状态,一般是随机、不可观测或难以观测的。

观测变量 y_i 为装备系统运行状态的观测值,是系统状态 x_i 的外部反应。由于存在一定的测量误差,因此观测变量具有一定的随机性,但与状态变量不同,观测变量是可观测的或易于观测的,如反映机械系统退化状态的振动信号、油液监测数据等间接状态参数。

因此,研究的目的是从观测序列提供的信息来推断装备系统状态的退化过程,对其剩余使用寿命进行预测,其主要内容包括以下两点。

① 建立描述系统状态变化的模型——状态方程。
② 给出对状态进行间接检测的观测方程。

其中,状态方程描述系统从当前状态到下一时刻状态之间的转换关系;观测方程表示实际的观测序列与系统状态之间的关系。通过建立 Kalman 滤波的状态方程和观测方程,一些复杂的动态问题得以用简单的形式表示。基本 Kalman 滤波过程如下。

$$x_{i+1} = F_i(x_i, u_i, \xi_i, \theta_1) \tag{6-1}$$
$$y_i = H_i(x_i, u_i, \varepsilon_i, \theta_2) \tag{6-2}$$

式(6-1)和式(6-2)分别称为状态方程和观测方程。其中,u_i 表示系统输入变量或控制变量;θ_1 和 θ_2 分别表示状态方程和观测方程的静态参数;ξ_i 和 ε_i 分别表示系统噪声和观测噪声,一般假设 ξ_i 和 ε_i 相互独立,且服从某一特定分布,但对于不同的系统可作不同假设,或不予考虑;$F_i()$ 为状态转移函数,$H_i()$ 为测量函数,一般假设 $F_i()$ 和 $H_i()$ 是已知的。为简化问题,可以假设系统输入恒定,且认为系统噪声和观测噪声是可加的,因此装备退化过程的 Kalman 滤波过程可表示为

$$x_{i+1} = F_i(x_i, \theta_1) + \xi \tag{6-3}$$
$$y_i = H_i(x_i, \theta_2) + \varepsilon \tag{6-4}$$

而对于大多数装备而言,其寿命分成两阶段。第一阶段是从装备开始运行到潜在故障发生的时间,第二阶段是从潜在故障发生到装备失效时的时间。一般将第一阶段称为初始时间阶段,将第二阶段称为延迟时间阶段。滤波模型认为装备剩余使用寿命与状态信息间只在延迟时间阶段具有一定的关系,因此,滤波模型又建立在延迟时间的概念上。

6.1.2 改进滤波模型

1. 预测阶段

在 x_{i-1}^+ 点和 x_i^- 点,由于是直接的 $\Delta t_i = t_i - t_{i-1}$ 相联系且没有获得新的状态信

息，因此在 Δt_i 内的剩余使用寿命的概率是相等的，利用贝叶斯法则可得

$$p_i(x_i^-|Y_{i-1}) = p_i(x_{i-1}^+ = x_i^- + t_i - t_{i-1}|x_{i-1}^+ > t_i - t_{i-1}, Y_{i-1})$$

$$= \frac{p_{i-1}(x_{i-1}^+ = x_i^- + t_i - t_{i-1}|Y_{i-1})}{\int_{t_i-t_{i-1}}^{\infty} p_{i-1}(x_{i-1}^+|Y_{i-1})\,\mathrm{d}x_{i-1}^+} \quad (6-5)$$

$$= \frac{p_{i-1}(x_i^- + t_i - t_{i-1}|Y_{i-1})}{\int_{t_i-t_{i-1}}^{\infty} p_{i-1}(x_{i-1}^+|Y_{i-1})\,\mathrm{d}x_{i-1}^+}$$

2. 更新阶段

假设剩余使用寿命和磨损之间存在以下关系：在 t_i 时刻获得状态信息后的剩余使用寿命分布函数随一个量变化，这个量是时间段 (t_{i-1}, t_i) 内的实际磨损量和平均磨损量之间的梯度的函数，设为 $h(\Delta w_i - \Delta \overline{w}_i) = \mathrm{e}^{-B(\Delta y_i - \Delta \overline{y}_i)}$，那么根据参考文献，利用式（6-5）可得到

$$p_i(x_i^+|Y_i) = p_i(x_i^+ h(\Delta w_i - \Delta \overline{w}_i)|Y_{i-1})\frac{1}{h(\Delta w_i - \Delta \overline{w}_i)}$$

$$= p_i(x_i^+ \mathrm{e}^{-B(\Delta y_i - \Delta \overline{y}_i)}|Y_{i-1})\frac{1}{\mathrm{e}^{-B(\Delta y_i - \Delta \overline{y}_i)}} \quad (6-6)$$

$$= p_i(x_i^- \mathrm{e}^{-A^*(\Delta y_i - \Delta \overline{y}_i)}\mathrm{e}^{-B(\Delta y_i - \Delta \overline{y}_i)}|Y_{i-1})\frac{1}{\mathrm{e}^{-B(\Delta y_i - \Delta \overline{y}_i)}}$$

式（6-6）说明，如果 $\Delta y_i - \Delta \overline{y}_i = 0$，那么 $p_i(x_i^+|Y_i) = p_i(x_i^-|Y_{i-1})$，表示此监测间隔期内的磨损情况正常，对剩余使用寿命没有影响；否则其将随 $\Delta y_i - \Delta \overline{y}_i$ 增大或减少。

设 x_0 的初始概率分布函数为 $p_0(x_0)$，可得如下递推公式

$$p_i(x_i^+|Y_i) = \frac{p_{i-1}(x_i^- \mathrm{e}^{-A^*(\Delta y_i - \Delta \overline{y}_i)}\mathrm{e}^{-B(\Delta y_i - \Delta \overline{y}_i)} + t_i - t_{i-1}|Y_{i-1})}{\int_{t_i-t_{i-1}}^{\infty} p_{i-1}(x_{i-1}^+|Y_{i-1})\,\mathrm{d}x_{i-1}^+} \mathrm{e}^{B(\Delta y_i - \Delta \overline{y}_i)}$$

$$= \frac{p_{i-1}(x_i^+ \mathrm{e}^{-B(\Delta y_i - \Delta \overline{y}_i)} + t_i - t_{i-1}|Y_{i-1})}{\int_{t_i-t_{i-1}}^{\infty} p_{i-1}(x_{i-1}^+|Y_{i-1})\,\mathrm{d}x_{i-1}^+} \mathrm{e}^{B(\Delta y_i - \Delta \overline{y}_i)} \quad (6-7)$$

从公式可以看出，如果知道了 $p_0(x_0)$ 的分布形式，就可通过反复迭代计算出方程，求得累积状态信息条件下 t_i 时刻的剩余使用寿命后验概率分布。方程就构成了一个随机滤波的过程。

但在具体应用时，如果直接采用公式进行计算，每次都要进行迭代过程，带来烦琐复杂的计算量。因此，对公式进行递归推导，以得出明确的 $p_0(x_0)$ 和 $p(y_i|x_i)$ 之间的关系表达式。

第 6 章　装备剩余使用寿命预测方法及应用

下面采用递推归纳法，对上述公式进行递推，过程如下。

当 $i=1$ 时，有

$$p_1(x_1^+|Y_1) = \frac{p_0(x_1^+ e^{-B(\Delta y_1 - \Delta \bar{y}_1)} + t_1 - t_0|Y_0)}{\int_{t_1-t_0}^{\infty} p_0(x_0^+|Y_0) dx_0^+} e^{B(\Delta y_1 - \Delta \bar{y}_1)} \quad (6-8)$$

当 $i=2$ 时，有

$$p_2(x_2^+|Y_2) = \frac{p_1(x_2^+ e^{-B(\Delta y_2 - \Delta \bar{y}_2)} + t_2 - t_1|Y_1)}{\int_{t_2-t_1}^{\infty} p_1(x_1^+|Y_1) dx_1^+} e^{B(\Delta y_2 - \Delta \bar{y}_2)}$$

$$= \frac{\text{num}}{\text{den}} e^{B(\Delta y_2 - \Delta \bar{y}_2)} \quad (6-9)$$

其中，分子可以进行如下递推

$$\begin{aligned}
\text{num} &= p_1(x_2^+ e^{-B(\Delta y_2 - \Delta \bar{y}_2)} + t_2 - t_1|Y_1) \\
&= p_1(x_2^- e^{-A^*(\Delta y_2 - \Delta \bar{y}_2)} e^{-B(\Delta y_2 - \Delta \bar{y}_2)} + t_2 - t_1|Y_1) \\
&= p_1((x_1^+ - (t_2 - t_1)) e^{-A^*(\Delta y_2 - \Delta \bar{y}_2)} e^{-B(\Delta y_2 - \Delta \bar{y}_2)} + t_2 - t_1|Y_1) \\
&= p_1(x_1^+ e^{-A^*(\Delta y_2 - \Delta \bar{y}_2)} e^{-B(\Delta y_2 - \Delta \bar{y}_2)} - (t_2 - t_1) e^{-A^*(\Delta y_2 - \Delta \bar{y}_2)} e^{-B(\Delta y_2 - \Delta \bar{y}_2)} + t_2 - t_1|Y_1) \\
&= \frac{p_0\left(\begin{matrix} x_1^+ e^{-A^*(\Delta y_2 - \Delta \bar{y}_2)} e^{-B(\Delta y_2 - \Delta \bar{y}_2)} - \\ (t_2 - t_1) e^{-A^*(\Delta y_2 - \Delta \bar{y}_2)} e^{-B(\Delta y_2 - \Delta \bar{y}_2)} + t_2 - t_1 \end{matrix}\right) e^{-B(\Delta y_1 - \Delta \bar{y}_1)} + t_1 - t_0 \Big| Y_0 \right)}{\int_{t_1-t_0}^{\infty} p_0(x_0^+|Y_0) dx_0^+} e^{B(\Delta y_1 - \Delta \bar{y}_1)} \\
&= \frac{p_0\left(\begin{matrix} x_1^+ e^{-A^*(\Delta y_2 - \Delta \bar{y}_2)} e^{-B(\Delta y_2 - \Delta \bar{y}_2)} e^{-B(\Delta y_1 - \Delta \bar{y}_1)} - (t_2 - t_1) e^{-A^*(\Delta y_2 - \Delta \bar{y}_2)} e^{-B(\Delta y_2 - \Delta \bar{y}_2)} e^{-B(\Delta y_1 - \Delta \bar{y}_1)} + \\ (t_2 - t_1) e^{-B(\Delta y_1 - \Delta \bar{y}_1)} + t_1 - t_0 \Big| Y_0 \end{matrix}\right)}{\int_{t_1-t_0}^{\infty} p_0(x_0^+|Y_0) dx_0^+} \cdot \\
& \quad e^{B(\Delta y_1 - \Delta \bar{y}_1)}
\end{aligned}$$

$$(6-10)$$

分母可以进行如下递推

$$\begin{aligned}
\text{den} &= \int_{t_2-t_1}^{\infty} p_1(x_1^+|Y_1) dx_1^+ \\
&= \int_{t_2-t_1}^{\infty} \frac{p_0(x_1^+ e^{-B(\Delta y_1 - \Delta \bar{y}_1)} + t_1 - t_0|Y_0)}{\int_{t_1-t_0}^{\infty} p_0(x_0^+|Y_0) dx_0^+} e^{B(\Delta y_1 - \Delta \bar{y}_1)} dx_1^+ \quad (6-11)
\end{aligned}$$

此时，可以得到

$$p_2(x_2^+|Y_2) = \frac{\text{num}}{\text{den}} e^{B(\Delta y_2 - \Delta \bar{y}_2)}$$

$$= \frac{p_0 \begin{pmatrix} x_1^+ e^{-A^*(\Delta y_2 - \Delta \bar{y}_2)} e^{-B(\Delta y_2 - \Delta \bar{y}_2)} e^{-B(\Delta y_1 - \Delta \bar{y}_1)} - (t_2 - t_1) e^{-A^*(\Delta y_2 - \Delta \bar{y}_2)} e^{-B(\Delta y_1 - \Delta \bar{y}_1)} + \\ (t_2 - t_1) e^{-B(\Delta y_1 - \Delta \bar{y}_1)} + t_1 - t_0 | Y_0 \end{pmatrix}}{\int_{t_2 - t_1}^{\infty} p_0(x_1^+ e^{-B(\Delta y_1 - \Delta \bar{y}_1)} + t_1 - t_0 | Y_0) \, dx_1^+} \cdot$$

$$e^{B(\Delta y_2 - \Delta \bar{y}_2)}$$

$$= \frac{p_0(x_2^- e^{-A^*(\Delta y_2 - \Delta \bar{y}_2)} e^{-B(\Delta y_2 - \Delta \bar{y}_2)} e^{-B(\Delta y_1 - \Delta \bar{y}_1)} + (t_2 - t_1) e^{-B(\Delta y_1 - \Delta \bar{y}_1)} + t_1 - t_0 | Y_0)}{\int_{t_2 - t_1}^{\infty} p_0(x_1^+ e^{-B(\Delta y_1 - \Delta \bar{y}_1)} + t_1 - t_0 | Y_0) \, dx_1^+} e^{B(\Delta y_2 - \Delta \bar{y}_2)}$$

$$= \frac{p_0(x_2^+ e^{-B(\Delta y_2 - \Delta \bar{y}_2)} e^{-B(\Delta y_1 - \Delta \bar{y}_1)} + (t_2 - t_1) e^{-B(\Delta y_1 - \Delta \bar{y}_1)} + t_1 - t_0 | Y_0)}{\int_{t_2 - t_1}^{\infty} p_0(x_1^+ e^{-B(\Delta y_1 - \Delta \bar{y}_1)} + t_1 - t_0 | Y_0) \, dx_1^+} e^{B(\Delta y_2 - \Delta \bar{y}_2)}$$

（6-12）

当 $i = 3$ 时，有

$$p_3(x_3^+|Y_3) = \frac{p_2(x_3^+ e^{-B(\Delta y_3 - \Delta \bar{y}_3)} + t_3 - t_2 | Y_2)}{\int_{t_3 - t_2}^{\infty} p_2(x_2^+|Y_2) \, dx_2^+} e^{B(\Delta y_3 - \Delta \bar{y}_3)} = \frac{\text{num}}{\text{den}} e^{B(\Delta y_3 - \Delta \bar{y}_3)} \quad (6-13)$$

其中，分子可以进行如下递推

$$\text{num} = p_2(x_3^+ e^{-B(\Delta y_3 - \Delta \bar{y}_3)} + t_3 - t_2 | Y_2)$$

$$= p_2(x_3^- e^{-A^*(\Delta y_3 - \Delta \bar{y}_3)} e^{-B(\Delta y_3 - \Delta \bar{y}_3)} + t_3 - t_2 | Y_2)$$

$$= p_2((x_2^+ - (t_3 - t_2)) e^{-A^*(\Delta y_3 - \Delta \bar{y}_3)} e^{-B(\Delta y_3 - \Delta \bar{y}_3)} + t_3 - t_2 | Y_2)$$

$$= p_2(x_2^+ e^{-A^*(\Delta y_3 - \Delta \bar{y}_3)} e^{-B(\Delta y_3 - \Delta \bar{y}_3)} - (t_3 - t_2) e^{-A^*(\Delta y_3 - \Delta \bar{y}_3)} e^{-B(\Delta y_3 - \Delta \bar{y}_3)} + t_3 - t_2 | Y_2)$$

$$= \frac{p_0 \begin{pmatrix} (x_2^+ e^{-A^*(\Delta y_3 - \Delta \bar{y}_3)} e^{-B(\Delta y_3 - \Delta \bar{y}_3)} - (t_3 - t_2) e^{-A^*(\Delta y_3 - \Delta \bar{y}_3)} e^{-B(\Delta y_3 - \Delta \bar{y}_3)} + t_3 - t_2) e^{-B(\Delta y_2 - \Delta \bar{y}_2)} \\ e^{-B(\Delta y_1 - \Delta \bar{y}_1)} + (t_2 - t_1) e^{-B(\Delta y_1 - \Delta \bar{y}_1)} + t_1 - t_0 | Y_0 \end{pmatrix}}{\int_{t_2 - t_1}^{\infty} p_0(x_1^+ e^{-B(\Delta y_1 - \Delta \bar{y}_1)} + t_1 - t_0 | Y_0) \, dx_1^+} \cdot$$

$$e^{B(\Delta y_2 - \Delta \bar{y}_2)}$$

$$= \frac{p_0 \begin{pmatrix} x_2^+ e^{-A^*(\Delta y_3 - \Delta \bar{y}_3)} e^{-B(\Delta y_3 - \Delta \bar{y}_3)} e^{-B(\Delta y_2 - \Delta \bar{y}_2)} e^{-B(\Delta y_1 - \Delta \bar{y}_1)} - (t_3 - t_2) e^{-A^*(\Delta y_3 - \Delta \bar{y}_3)} e^{-B(\Delta y_3 - \Delta \bar{y}_3)} e^{-B(\Delta y_2 - \Delta \bar{y}_2)} \\ e^{-B(\Delta y_1 - \Delta \bar{y}_1)} + (t_3 - t_2) e^{-B(\Delta y_2 - \Delta \bar{y}_2)} e^{-B(\Delta y_1 - \Delta \bar{y}_1)} + (t_2 - t_1) e^{-B(\Delta y_1 - \Delta \bar{y}_1)} + t_1 - t_0 | Y_0 \end{pmatrix}}{\int_{t_2 - t_1}^{\infty} p_0(x_1^+ e^{-B(\Delta y_1 - \Delta \bar{y}_1)} + t_1 - t_0 | Y_0) \, dx_1^+} \cdot$$

$$e^{B(\Delta y_2 - \Delta \bar{y}_2)}$$

（6-14）

分母可以进行如下递推

$$\text{den} = \int_{t_3-t_2}^{\infty} p_2(x_2^+ | Y_2) \, dx_2^+$$

$$= \int_{t_3-t_2}^{\infty} \frac{p_0(x_2^+ e^{-B(\Delta y_2 - \Delta \bar{y}_2)} e^{-B(\Delta y_1 - \Delta \bar{y}_1)} + (t_2 - t_1) e^{-B(\Delta y_1 - \Delta \bar{y}_1)} + t_1 - t_0 | Y_0)}{\int_{t_2-t_1}^{\infty} p_0(x_1^+ e^{-B(\Delta y_1 - \Delta \bar{y}_1)} + t_1 - t_0 | Y_0) \, dx_1^+} e^{B(\Delta y_2 - \Delta \bar{y}_2)} dx_2^+$$

（6–15）

此时，可以得到

$$p_3(x_3^+ | Y_3)$$

$$= \frac{p_0 \begin{pmatrix} x_2^+ e^{-A^*(\Delta y_3 - \Delta \bar{y}_3)} e^{-B(\Delta y_3 - \Delta \bar{y}_3)} e^{-B(\Delta y_2 - \Delta \bar{y}_2)} e^{-B(\Delta y_1 - \Delta \bar{y}_1)} - (t_3 - t_2) e^{-A^*(\Delta y_3 - \Delta \bar{y}_3)} e^{-B(\Delta y_3 - \Delta \bar{y}_3)} e^{-B(\Delta y_2 - \Delta \bar{y}_2)} \cdot \\ e^{-B(\Delta y_1 - \Delta \bar{y}_1)} + (t_3 - t_2) e^{-B(\Delta y_2 - \Delta \bar{y}_2)} e^{-B(\Delta y_1 - \Delta \bar{y}_1)} + (t_2 - t_1) e^{-B(\Delta y_1 - \Delta \bar{y}_1)} + t_1 - t_0 | Y_0 \end{pmatrix}}{\int_{t_3-t_2}^{\infty} p_0(x_2^+ e^{-B(\Delta y_2 - \Delta \bar{y}_2)} e^{-B(\Delta y_1 - \Delta \bar{y}_1)} + (t_2 - t_1) e^{-B(\Delta y_1 - \Delta \bar{y}_1)} + t_1 - t_0 | Y_0) \, dx_2^+} \cdot$$

$$e^{B(\Delta y_3 - \Delta \bar{y}_3)}$$

$$= \frac{p_0 \begin{pmatrix} x_3^+ e^{-B(\Delta y_3 - \Delta \bar{y}_3)} e^{-B(\Delta y_2 - \Delta \bar{y}_2)} e^{-B(\Delta y_1 - \Delta \bar{y}_1)} + (t_3 - t_2) e^{-B(\Delta y_2 - \Delta \bar{y}_2)} e^{-B(\Delta y_1 - \Delta \bar{y}_1)} + \\ (t_2 - t_1) e^{-B(\Delta y_1 - \Delta \bar{y}_1)} + t_1 - t_0 | Y_0 \end{pmatrix}}{\int_{t_3-t_2}^{\infty} p_0(x_2^+ e^{-B(\Delta y_2 - \Delta \bar{y}_2)} e^{-B(\Delta y_1 - \Delta \bar{y}_1)} + (t_2 - t_1) e^{-B(\Delta y_1 - \Delta \bar{y}_1)} + t_1 - t_0 | Y_0) \, dx_2^+} e^{B(\Delta y_3 - \Delta \bar{y}_3)}$$

（6–16）

……

通过递推归纳法，当 i 随监测的时间点不断增加时，可以得到

$$p_i(x_i^+ | Y_i) = \frac{p_0 \left(x_i^+ e^{-B \sum_{k=1}^{i} (\Delta y_k - \Delta \bar{y}_k)} + \sum_{k=2}^{i} (t_k - t_{k-1}) e^{-B \sum_{l=1}^{k-1} (\Delta y_l - \Delta \bar{y}_l)} + t_1 - t_0 \middle| Y_0 \right) e^{B(\Delta y_i - \Delta \bar{y}_i)}}{\int_{t_i - t_{i-1}}^{\infty} p_0 \left(x_{i-1}^+ e^{-B \sum_{k=1}^{i-1} (\Delta y_k - \Delta \bar{y}_k)} + \sum_{k=2}^{i-1} (t_k - t_{k-1}) e^{-B \sum_{l=1}^{k-1} (\Delta y_l - \Delta \bar{y}_l)} + t_1 - t_0 \middle| Y_0 \right) dx_{i-1}^+}$$

（6–17）

可以将式（6–17）推广到多维状态监测信息的情况，即状态监测信息 Y_i 是一个 m 维向量时，那么 $B(\Delta y_i - \Delta \bar{y}_i) = \sum_{s=1}^{m} B_s (\Delta y_{is} - \Delta \bar{y}_{is})$。

6.1.3 基于条件概率密度函数的极大似然参数估计方法

经典的极大似然估计是建立在监测信息独立同分布基础上的，但本书中各监

测点的状态监测信息既不独立也不同分布，因此本书通过条件概率密度函数来构建未知参数的极大似然函数。

1. 模型假设

装备的状态监测信息分为两种情况，第一种是装备在监测过程中最终出现故障，即获得完全故障数据；第二种是装备始终未出现故障，此时就需要对装备状态信息进行截尾，即获得截尾寿命数据。实际上在多数情况下，很难获得完全故障数据，因为采用预防性维修方式，一般在故障出现之前就对即将产生故障的部件进行预防性修理或更换，对一些关重件（如飞机发动机高压转子、减速器、主旋转轴承等，一旦在运行过程中出现故障，即产生重大事故），是不允许运行到完全故障状态的。这里的完全故障数据，是基于装备维修日志和当前运行状态，由相应工程师做的估计值。假设装备发生故障的时间为 t_f，存在 $t_f > t_n$，t_n 故障前的为最后一次状态监测时间。

模型假设如下：

① 对相同装备或部件进行离散监测，获取寿命数据和状态数据。

② 装备或部件从安装到出现故障，在每一个监测点 t_{ji} 有两类数据需要收集，一是观察到的状态监测信息 y_{ji}，二是潜在剩余使用寿命信息，也就是 $x_{j,i-1} > t_{ji} - t_{j,i-1}$。

③ 假设在 t_{jn_j} 还没出现故障，$x_{jn_j} = t_{jf} - t_{jn_j}$。

参数说明如下：

① m：表示被监测装备或部件的个数。

② n_j：表示在第 j 个装备或部件在没有出现故障前最后一次状态监测的次数。

③ x_{jk}：表示第 j 个装备或部件在 t_{jk} 时刻的剩余使用寿命（$j=1,2,\cdots,m$；$k=1,2,\cdots,n_j$）。

④ Y_{jk}：表示第 j 个装备或部件在 t_{jk} 时刻的历史状态数据。

⑤ y_{jk}：表示第 j 个装备或部件在 t_{jk} 时刻的状态监测值。

⑥ t_{jk}：表示第 j 个装备或部件的第 k 个油液采样点。

⑦ t_{jf}：表示第 j 个装备或部件发生故障的时间，$t_{jf} > t_{jn_j}$。

⑧ t_{jc}：表示第 j 个装备或部件被截尾的时间。

⑨ $f(t)$：表示装备或部件的寿命分布概率密度函数。

⑩ $s(t)$：表示装备或部件的生存函数，$s(t) = \dfrac{f(t)}{h(t)}$，$h(t)$ 为故障率函数。

⑪ δ_j：表示当装备或部件 j 为完全故障时，$\delta_j = 1$，当装备或部件为截尾时，$\delta_j = 0$。

2. 构建基于条件概率密度的极大似然函数

在此，将所建模型中的未知参数集分为两部分，第一个是初始寿命分布 $p_0(x_0)$ 中的参数。当具有足够的故障时间数据时，可以用极大似然估计法，极大似然函数为

$$L = \prod_{j=1}^{m} f(t_{jf})^{\delta_j} s(t_{jc})^{1-\delta_j} \quad (6-18)$$

第二个未知参数集为 B。对于一个装备或部件在更换之前的寿命，在每个取样点已监测到以下信息，即 $x_{i-1} \geqslant t_i - t_{i-1}$。如果此装备或部件出现故障，则 $x_n = t_f - t_n$，其中 t_f 是发生故障的时间，t_n 是故障前的最后一次状态监测时间。通常 t_f 是未知的，但可以通过维修人员的主观判断来进行估计。当装备或部件为故障时，建立单个装备或部件（完全寿命数据）寿命分布的极大似然函数为

$$L_1 = p_0(x_0 > t_1) p_1(x_1^+ > t_2 - t_1 | Y_1) \cdots p_{n-1}(x_{n-1}^+ > t_n - t_{n-1} | Y_{n-1}) p_n(x_n^+ = t_f - t_n | Y_n) \quad (6-19)$$

当装备或部件为截尾数据的情况时，建立单个装备或部件（截尾寿命数据）的极大似然函数为

$$L_2 = p_0(x_0 > t_1) p_1(x_1^+ > t_2 - t_1 | Y_1) \cdots p_{n-1}(x_{n-1}^+ > t_n - t_{n-1} | Y_{n-1}) s_n(x_n^+ = t_c - t_n | Y_n) \quad (6-20)$$

设 m 个装备或部件的寿命数据中，有 m_1 个完全寿命数据，m_2 个截尾数据，$m = m_1 + m_2$，那么极大似然函数为

$$L = \prod_{j=1}^{m_1} \left\{ p_0(x_0 > t_{j1}) \left[\prod_{k=2}^{n_j} p_{k-1}(x_{k-1}^+ > t_{jk} - t_{j(k-1)} | Y_{j(k-1)}) \right] p_{n_j}(x_{n_j}^+ = t_{jf} - t_{n_j} | Y_{jn_j}) \right\} \times$$
$$\prod_{j=1}^{m_2} \left\{ p_0(x_0 > t_{j1}) \left[\prod_{k=2}^{n_j} p_{k-1}(x_{k-1}^+ > t_{jk} - t_{j(k-1)} | Y_{j(k-1)}) \right] s_{n_j}(x_{n_j}^+ = t_{jc} - t_{n_j} | Y_{jn_j}) \right\} \quad (6-21)$$

经过推导可以得到多个装备或部件情况下的极大似然函数的表达式，推导过

程如下。

首先分析单个装备或部件的推导过程，根据剩余使用寿命后验概率密度函数，可以对各个监测点 i 的条件概率函数进行递推计算。

在初始时刻，即 $i=0$ 时，有

$$p_0(x_0^+ > t_1 - t_0) = \int_{t_1-t_0}^{\infty} p_0(x_0^+) \, \mathrm{d}x_0^+ \tag{6-22}$$

当 $i=1$ 时，有

$$\begin{aligned} p_1(x_1^+ > t_2 - t_1 | Y_1) &= \int_{t_2-t_1}^{\infty} p_1(x_1^+ | Y_1) \, \mathrm{d}x_1^+ \\ &= \int_{t_2-t_1}^{\infty} \frac{p_0(x_1^+ \mathrm{e}^{-B(\Delta y_1 - \Delta \bar{y}_1)} + t_1 - t_0 | Y_0)}{\int_{t_1-t_0}^{\infty} p_0(x_0^+ | Y_0) \, \mathrm{d}x_0^+} \mathrm{e}^{B(\Delta y_1 - \Delta \bar{y}_1)} \, \mathrm{d}x_1^+ \end{aligned} \tag{6-23}$$

当 $i=2$ 时，有

$$\begin{aligned} & p_2(x_2^+ > t_3 - t_2 | Y_2) = \int_{t_3-t_2}^{\infty} p_2(x_2^+ | Y_2) \, \mathrm{d}x_2^+ \\ &= \int_{t_3-t_2}^{\infty} \frac{p_0(x_2^+ \mathrm{e}^{-B(\Delta y_2 - \Delta \bar{y}_2)} \mathrm{e}^{-B(\Delta y_1 - \Delta \bar{y}_1)} + (t_2 - t_1) \mathrm{e}^{-B(\Delta y_1 - \Delta \bar{y}_1)} + t_1 - t_0 | Y_0)}{\int_{t_2-t_1}^{\infty} p_0(x_1^+ \mathrm{e}^{-B(\Delta y_1 - \Delta \bar{y}_1)} + t_1 - t_0 | Y_0) \, \mathrm{d}x_1^+} \mathrm{e}^{B(\Delta y_2 - \Delta \bar{y}_2)} \, \mathrm{d}x_2^+ \end{aligned}$$

$$\tag{6-24}$$

……

根据递推归纳法，当 $i = n-1$ 时，得到如下表达式

$$p_{n-1}(x_{n-1}^+ > t_n - t_{n-1} | Y_{n-1}) = \int_{t_n-t_{n-1}}^{\infty} p_{n-1}(x_{n-1}^+ | Y_{n-1}) \, \mathrm{d}x_{n-1}^+$$

$$= \int_{t_n-t_{n-1}}^{\infty} \frac{p_0\left(x_{n-1}^+ \mathrm{e}^{-B\sum_{k=1}^{n-1}(\Delta y_k - \Delta \bar{y}_k)} + \sum_{k=2}^{n-1}(t_k - t_{k-1}) \mathrm{e}^{-B\sum_{l=1}^{k-1}(\Delta y_l - \Delta \bar{y}_l)} + t_1 - t_0 \Big| Y_0\right) \mathrm{e}^{B(\Delta y_{n-1} - \Delta \bar{y}_{n-1})}}{\int_{t_{n-1}-t_{n-2}}^{\infty} p_0\left(x_{n-2}^+ \mathrm{e}^{-B\sum_{k=1}^{n-2}(\Delta y_k - \Delta \bar{y}_k)} + \sum_{k=2}^{n-2}(t_k - t_{k-1}) \mathrm{e}^{-B\sum_{l=1}^{k-1}(\Delta y_l - \Delta \bar{y}_l)} + t_1 - t_0 \Big| Y_0\right) \mathrm{d}x_{n-2}^+} \, \mathrm{d}x_{n-1}^+$$

$$\tag{6-25}$$

另外，在装备发生故障的时刻，存在

$$p_n(x_n^+ = t_f - t_n | Y_n)$$

$$= \frac{p_0\left((t_f - t_n)e^{-B\sum_{k=1}^{n}(\Delta y_k - \Delta \bar{y}_k)} + \sum_{k=2}^{n}(t_k - t_{k-1})e^{-B\sum_{l=1}^{k-1}(\Delta y_l - \Delta \bar{y}_l)} + t_1 - t_0 | Y_0\right)e^{B(\Delta y_n - \Delta \bar{y}_n)}}{\int_{t_n - t_{n-1}}^{\infty} p_0\left(x_{n-1}^+ e^{-B\sum_{k=1}^{n-1}(\Delta y_k - \Delta \bar{y}_k)} + \sum_{k=2}^{n-1}(t_k - t_{k-1})e^{-B\sum_{l=1}^{k-1}(\Delta y_l - \Delta \bar{y}_l)} + t_1 - t_0 | Y_0\right)dx_{n-1}^+}$$

$$s_n(x_n^+ = t_c - t_n | Y_n) = p_n(x_n^+ > t_c - t_n | Y_n)$$

$$= \int_{t_c - t_n}^{\infty} \frac{p_0\left(x_n^+ e^{-B\sum_{k=1}^{n}(\Delta y_k - \Delta \bar{y}_k)} + \sum_{k=2}^{n}(t_k - t_{k-1})e^{-B\sum_{l=1}^{k-1}(\Delta y_l - \Delta \bar{y}_l)} + t_1 - t_0 | Y_0\right)e^{B(\Delta y_n - \Delta \bar{y}_n)}}{\int_{t_n - t_{n-1}}^{\infty} p_0\left(x_{n-1}^+ e^{-B\sum_{k=1}^{n-1}(\Delta y_k - \Delta \bar{y}_k)} + \sum_{k=2}^{n-1}(t_k - t_{k-1})e^{-B\sum_{l=1}^{k-1}(\Delta y_l - \Delta \bar{y}_l)} + t_1 - t_0 | Y_0\right)dx_{n-1}^+} dx_n^+$$

（6-26）

将上述各个时刻的后验概率密度函数代入式（6-19）和式（6-20），可以得到单个部件的极大似然函数

$$L_1 = p_0(x_0 > t_1)p_1(x_1^+ > t_2 - t_1 | Y_1)\cdots p_{n-1}(x_{n-1}^+ > t_n - t_{n-1} | Y_{n-1})p_n(x_n^+ = t_f - t_n | Y_n)$$

$$= e^{B(\Delta y_1 - \Delta \bar{y}_1)}e^{B(\Delta y_2 - \Delta \bar{y}_2)}\cdots e^{B(\Delta y_{n-1} - \Delta \bar{y}_{n-1})} \cdot$$

$$p_0\left((t_f - t_n)e^{-B\sum_{k=1}^{n}(\Delta y_k - \Delta \bar{y}_k)} + \sum_{k=2}^{n}(t_k - t_{k-1})e^{-B\sum_{l=1}^{k-1}(\Delta y_l - \Delta \bar{y}_l)} + t_1 - t_0 | Y_0\right)e^{B(\Delta y_n - \Delta \bar{y}_n)}$$

$$= p_0\left((t_f - t_n)e^{-B\sum_{k=1}^{n}(\Delta y_k - \Delta \bar{y}_k)} + \sum_{k=2}^{n}(t_k - t_{k-1})e^{-B\sum_{l=1}^{k-1}(\Delta y_l - \Delta \bar{y}_l)} + t_1 - t_0 | Y_0\right)e^{B\sum_{k=1}^{n}(\Delta y_k - \Delta \bar{y}_k)}$$

（6-27）

$$L_2 = p_0(x_0 > t_1)p_1(x_1^+ > t_2 - t_1 | Y_1)\cdots p_{n-1}(x_{n-1}^+ > t_n - t_{n-1} | Y_{n-1})s_n(x_n^+ = t_c - t_n | Y_n)$$

$$= e^{B(\Delta y_1 - \Delta \bar{y}_1)}e^{B(\Delta y_2 - \Delta \bar{y}_2)}\cdots e^{B(\Delta y_{n-1} - \Delta \bar{y}_{n-1})}e^{B(\Delta y_n - \Delta \bar{y}_n)} \cdot$$

$$\int_{t_c - t_n}^{\infty} p_0\left(x_n^+ e^{-B\sum_{k=1}^{n}(\Delta y_k - \Delta \bar{y}_k)} + \sum_{k=2}^{n}(t_k - t_{k-1})e^{-B\sum_{l=1}^{k-1}(\Delta y_l - \Delta \bar{y}_l)} + t_1 - t_0 | Y_0\right)dx_n^+$$

$$= \int_{t_c - t_n}^{\infty} p_0\left(x_n^+ e^{-B\sum_{k=1}^{n}(\Delta y_k - \Delta \bar{y}_k)} + \sum_{k=2}^{n}(t_k - t_{k-1})e^{-B\sum_{l=1}^{k-1}(\Delta y_l - \Delta \bar{y}_l)} + t_1 - t_0 | Y_0\right)dx_n^+ \cdot e^{B\sum_{k=1}^{n}(\Delta y_k - \Delta \bar{y}_k)}$$

$$= s_0\left((t_c - t_n)e^{-B\sum_{k=1}^{n}(\Delta y_k - \Delta \bar{y}_k)} + \sum_{k=2}^{n}(t_k - t_{k-1})e^{-B\sum_{l=1}^{k-1}(\Delta y_l - \Delta \bar{y}_l)} + t_1 - t_0 | Y_0\right)e^{B\sum_{k=1}^{n}(\Delta y_k - \Delta \bar{y}_k)}$$

（6-28）

最后，推广到多个装备或部件的情况下，即根据式（6-27）和式（6-28），得到极大似然函数表达式为

$$L=\prod_{j=1}^{m_1}\left\{\frac{p_0\left((t_{jf}-t_{n_j})\mathrm{e}^{-B\sum_{k=1}^{n_j}(\Delta y_{jk}-\Delta \bar{y}_{jk})}+\sum_{k=2}^{n_j}(t_{jk}-t_{j(k-1)})\mathrm{e}^{-B\sum_{l=1}^{k-1}(\Delta y_{jl}-\Delta \bar{y}_{jl})}+t_{j1}-t_{j0}\right)}{\mathrm{e}^{B\sum_{k=1}^{n_j}(\Delta y_{jk}-\Delta \bar{y}_{jk})}}\right\}\times$$

$$\prod_{j=1}^{m_2}\left\{\frac{s_0\left((t_{jc}-t_{n_j})\mathrm{e}^{-B\sum_{k=1}^{n_j}(\Delta y_{jk}-\Delta \bar{y}_{jk})}+\sum_{k=2}^{n_j}(t_{jk}-t_{j(k-1)})\mathrm{e}^{-B\sum_{l=1}^{k-1}(\Delta y_{jl}-\Delta \bar{y}_{jl})}+t_{j1}-t_{j0}\right)}{\mathrm{e}^{B\sum_{k=1}^{n_j}(\Delta y_{jk}-\Delta \bar{y}_{jk})}}\right\}$$

(6-29)

得到上面的通式后，可以很方便地得到各种分布形式下的极大似然参数估计。下面针对具体的分布形式，推导剩余使用寿命分布函数和极大似然估计过程。

3. 初始参数的极大似然参数估计方法

根据假设，本书将装备或部件的寿命分成两个阶段。在第一阶段，装备或部件的剩余使用寿命 x_i 与状态监测信息 y_i 之间没有联系，当出现潜在故障时，表明第二阶段的开始，此时在状态信息与剩余使用寿命之间是一种负相关的关系，所以只有在第二阶段，也就是延迟时间阶段，才适合建立基于状态监测信息的预测模型。而对于大多数机械设备，如轴承或齿轮，Weibull 分布是比较合适的延迟时间分布；在 x_i 的条件下 y_i 的分布也同样具有选择性，如 Weibull 分布、正态分布等。下面以装备部件在延迟时间阶段服从 Weibull 分布的情况进行分析。

假设装备部件的寿命函数服从 Weibull 分布，即 $p_0(x_0)=\alpha^\beta \beta x_0^{\beta-1}\mathrm{e}^{-(\alpha x_0)^\beta}$。

存在截尾数据情况下装备部件剩余使用寿命的极大似然函数为

$$\begin{aligned}L&=\prod_{j=1}^m f(t_{jf})^{\delta_j} s(t_{jc})^{1-\delta_j}\\&=\left(\prod_{j=1}^{m_1}f(t_{jf})\right)\left(\prod_{j=1}^{m_2}s(t_{jc})\right)\\&=\left(\prod_{j=1}^{m_1}\alpha^\beta \beta(t_{jf})^{\beta-1}\mathrm{e}^{-(\alpha t_{jf})^\beta}\right)\left(\prod_{j=1}^{m_2}\mathrm{e}^{-(\alpha t_{jc})^\beta}\right)\end{aligned}$$

(6-30)

两边分别取对数

$$\ln L = m_1 \beta \ln\alpha + m_1 \ln\beta + \sum_{j=1}^{m_1}((\beta-1)\ln t_{jf} - (\alpha t_{jf})^{\beta}) + \sum_{j=1}^{m_2}(-(\alpha t_{jc})^{\beta}) \quad (6-31)$$

对式（6-31）分别求各个参数的偏导数

$$\frac{\partial \ln L}{\partial \alpha} = m_1 \beta \frac{1}{\alpha} - \beta\alpha^{\beta-1}\sum_{j=1}^{m_1}(t_{jf})^{\beta} - \beta\alpha^{\beta-1}\sum_{j=1}^{m_2}(t_{jc})^{\beta}$$

$$\frac{\partial \ln L}{\partial \beta} = m_1 \ln\alpha + \frac{m_1}{\beta} + \sum_{j=1}^{m_1}\ln t_{jf} - \sum_{j=1}^{m_1}(\alpha t_{jf})^{\beta}\ln(\alpha t_{jf}) - \sum_{j=1}^{m_2}(\alpha t_{jc})^{\beta}\ln(\alpha t_{jc})$$

$$(6-32)$$

令上述各未知参数的偏导数为 0，求解令对数似然函数达到最大时的参数值，即可得到 α,β 的估计值，并计算其方差。

4. 参数集合 B 的极大似然参数估计方法

根据初始分布 $p_0(x_0)$，利用参数 α 和 β 的值，最大化等式的对数，可以得到参数集 B 的估计值。由式（6-30）得到 Weibull 分布情况下的极大似然函数为

$$L = \prod_{j=1}^{m_1}\left\{\alpha^{\beta}\beta\left[(t_{jf}-t_{n_j})\mathrm{e}^{-B\sum_{k=1}^{n_j}(\Delta y_{jk}-\Delta\bar{y}_{jk})} + \sum_{k=2}^{n_j}(t_{jk}-t_{j(k-1)})\mathrm{e}^{-B\sum_{l=1}^{k-1}(\Delta y_{jl}-\Delta\bar{y}_{jl})} + t_{j1}-t_{j0}\right]^{\beta-1}\cdot\right.$$
$$\left.\mathrm{e}^{-\left(\alpha\left((t_{jf}-t_{n_j})\cdot\mathrm{e}^{-B\sum_{k=1}^{n_j}(\Delta y_{jk}-\Delta\bar{y}_{jk})} + \sum_{k=2}^{n_j}(t_{jk}-t_{j(k-1)})\cdot\mathrm{e}^{-B\sum_{l=1}^{k-1}(\Delta y_{jl}-\Delta\bar{y}_{jl})} + t_{j1}-t_{j0}\right)\right)^{\beta}}\mathrm{e}^{B\sum_{k=1}^{n_j}(\Delta y_{jk}-\Delta\bar{y}_{jk})}\right\}\times$$
$$\prod_{j=1}^{m_2}\mathrm{e}^{-\left(\alpha\left((t_{jc}-t_{n_j})\cdot\mathrm{e}^{-B\sum_{k=1}^{n_j}(\Delta y_{jk}-\Delta\bar{y}_{jk})} + \sum_{k=2}^{n_j}(t_{jk}-t_{j(k-1)})\cdot\mathrm{e}^{-B\sum_{l=1}^{k-1}(\Delta y_{jl}-\Delta\bar{y}_{jl})} + t_{j1}-t_{j0}\right)\right)^{\beta}}\mathrm{e}^{B\sum_{k=1}^{n_j}(\Delta y_{jk}-\Delta\bar{y}_{jk})}$$

$$(6-33)$$

对等式两边分别取对数

$$\ln L = m_1 \beta \ln\alpha + m_1 \ln\beta +$$
$$\sum_{j=1}^{m_1}\left\{(\beta-1)\ln\left((t_{jf}-t_{n_j})\mathrm{e}^{-B\sum_{k=1}^{n_j}(\Delta y_{jk}-\Delta\bar{y}_{jk})} + \sum_{k=2}^{n_j}(t_{jk}-t_{j(k-1)})\mathrm{e}^{-B\sum_{l=1}^{k-1}(\Delta y_{jl}-\Delta\bar{y}_{jl})} + t_{j1}-t_{j0}\right) - \right.$$
$$\left(\alpha\left((t_{jf}-t_{n_j})\mathrm{e}^{-B\sum_{k=1}^{n_j}(\Delta y_{jk}-\Delta\bar{y}_{jk})} + \sum_{k=2}^{n_j}(t_{jk}-t_{j(k-1)})\mathrm{e}^{-B\sum_{l=1}^{k-1}(\Delta y_{jl}-\Delta\bar{y}_{jl})} + t_{j1}-t_{j0}\right)\right)^{\beta} +$$
$$\left.B\sum_{k=1}^{n_j}(\Delta y_{jk}-\Delta\bar{y}_{jk})\right\} +$$

$$\sum_{j=1}^{m_2}\left\{-\left(\alpha\left((t_{jc}-t_{n_j})\mathrm{e}^{-B\sum_{k=1}^{n_j}(\Delta y_{jk}-\Delta\bar{y}_{jk})}+\sum_{k=2}^{n_j}(t_{jk}-t_{j(k-1)})\mathrm{e}^{-B\sum_{l=1}^{k-1}(\Delta y_{jl}-\Delta\bar{y}_{jl})}+t_{j1}-t_{j0}\right)\right)^{\beta}+\\ B\sum_{k=1}^{n_j}(\Delta y_{jk}-\Delta\bar{y}_{jk})\right\}$$

(6-34)

同理，分别求参数集 B 的偏导数并令其为 0 进行求解，可以得到参数集合 B 的估计值，并计算其方差。其中，$B=\{B_1,B_2,\cdots,B_s\}$，s 为状态信息的维数。

6.2 粒子滤波在装备剩余使用寿命预测中的应用研究

6.2.1 粒子滤波剩余使用寿命预测的可行性分析

近几年新发展的粒子滤波（PF）算法，从理论上解决了对系统描述的线性高斯假设限制，其可以适当地处理系统剩余使用寿命估计中的各种不确定性。相对于以上方法，PF 算法采用一个动态状态模型和一个测量模型对系统状态的后验概率密度函数进行估计，具有不受模型线性、高斯假设的约束的特点。PF 算法既利用了系统测量信息，也包含了描述系统运行过程的状态模型，理论上能适用于任意非线性非高斯动态系统的状态预测问题。

因此，针对非线性非高斯系统的剩余使用寿命预测以及多步预测问题，本书建立一种基于 PF 算法的装备剩余使用寿命预测方法。

6.2.2 粒子滤波算法基础

PF 算法是一种基于 Monte Carlo 方法和递推贝叶斯估计的新型滤波方法，其在信号处理、统计学等科研和工程领域均引起了研究人员的高度重视并得到了广泛的应用。PF 算法建立在序贯重要性采样（sequential importance sampling，SIS）和贝叶斯理论基础上，其依据大数定理，采用非参数化的 Monte Carlo 方法求解贝叶斯估计中的积分运算，可以通过模型方程由测量空间递推得到状态空间，适用于处理任何能用状态空间模型表示的非线性系统以及带有非高斯过程噪声和观测噪声的系统问题，例如，发动机、燃气涡轮机、齿轮箱等，这些系统在故障状态下继续运转时，具有明显的非线性特性和旋转机械的模糊性。

PF 算法是解决非线性非高斯动态系统状态估计的主流方法，精度可以逼近最优估计。目前，PF 技术已成功地应用于诸多领域，如目标跟踪、计算机视觉、数据检测和故障诊断等。

1. PF 算法的基本思想和优点

PF 算法的基本思想：首先依据系统状态向量的经验条件分布，在状态空间产生一组随机样本集合，称为粒子；然后根据观测量不断地调整粒子的权重和位置，通过调整后的粒子信息，修正最初的经验条件分布。其核心思想：采用粒子描述状态空间，用粒子及其权重组成的离散随机测度近似相关的概率分布，并且根据算法递推更新离散随机测度。当样本容量很大时，这种 Monte Carlo 描述就近似于状态变量的真实后验概率密度函数。

PF 算法的意义在于当前状态模型无法满足 Kalman 滤波假设条件的情况下，可以替代 Kalman 滤波进行状态估计。Kalman、扩展 Kalman 滤波和无迹滤波总是假设系统状态的后验分布为高斯分布，当真实的后验分布不是高斯分布并且偏离高斯分布很远时，使用高斯分布就不能很好地描述真实的后验分布。而 PF 算法摆脱了解决非线性滤波问题时随机量必须满足高斯分布的约束条件，并通过一定的方法解决了粒子数样本匮乏问题，因此近年来该算法在许多领域得到了成功应用。

PF 算法是通过对概率密度函数进行 Monte Carlo 随机采样来逼近概率密度函数，只有当粒子数目趋近于无穷时，才能够收敛得到概率密度函数。因此，如果动态系统满足 Kalman 滤波假设，那么 Kalman 滤波结果是最优的，而 PF 只是次优的。在无法达到最优的情况下，如非线性分布，PF 通常优于其他的次优滤波方法。

2. 存在的问题及解决方法

PF 算法在应用中存在的主要问题是计算量大和粒子退化，通常通过适当选取重要性密度函数和进行重采样方法来解决粒子的退化问题。重要性函数的选择十分关键，如果得以很好地解决，那么 PF 算法将在滤波估计方面成为一种非常强大的工具。序贯重要性重采样（sequential importance resampling，SIR）在一定程度上可以解决退化问题，却因此带来了粒子耗尽问题。虽然增加粒子数可以提高 PF 的估计精度，但计算量也随之以惊人的速度递增。因此，将 PF 算法应用于装备剩余使用寿命预测，需要解决的主要问题是降低计算量和抑制粒子退化。

3. 基于 Monte Carlo 的多重积分处理方法

PF 算法是以 Monte Carlo 方法为基础的。Monte Carlo 方法又称随机采样法或统计试验法，其基本思路是将实际求解的问题描述成某种随机变量，然后从已知概率分布采样，建立各种估计量，得到所求的解。Monte Carlo 方法现已用于解决很多典型数学问题，如多重积分计算、微积分方程的边值问题、线性方程组求解等。

Monte Carlo 积分就是将积分值看成某种随机变量的数学期望，并用采样方法加以估计。如果 x 是连续的，函数 $f(x)$ 的期望可以表示为

$$I = E_{p(x)}[f(x)] = \int_D f(x)p(x)\,\mathrm{d}x \quad (6-35)$$

式中，$p(x)$ 表示状态变量 x 的概率密度函数，满足 $p(x) \geqslant 0$，$\int_{R^n} p(x)\,\mathrm{d}x = 1$。

如果 x 是离散的，函数 $f(x)$ 的期望可以表示为

$$I = E_{p(x)}[f(x)] = \sum_{i=1}^{N} f(x_i)p(x_i) \quad (6-36)$$

如果 $f(x) = x$，则 $I = E_{p(x)}[x]$ 表示 $p(x)$ 的期望。只要积分有界，那么 I 就可以看成 $g(x)$ 的数学期望，即 $I = E[f(x)]$。

对于本书的贝叶斯估计问题，在此主要是获得剩余使用寿命在给定测量条件下的边缘后验概率密度函数，即 $p(x) = p(x_k | z_{1:k})$。现从后验概率密度 $p(x_k | z_{1:k})$ 抽取随机变量 x 的 N 个样本 $\{x_k^i\}_{i=1}^{N}$，则后验概率密度函数可近似为

$$\hat{p}(x_k | z_{1:k}) = \frac{1}{N}\sum_{i=1}^{N}\delta_{x_k^i}(\mathrm{d}x_k) \quad (6-37)$$

式中，δ 是 Dirac-delta 算子。

此时，函数 $f(x_k)$ 的期望值可近似为

$$\hat{I} = \hat{E}_{p(x_k|z_{1:k})}[f(x_k)] \approx \frac{1}{N}\sum_{i=1}^{N}f(x_k^i) \quad (6-38)$$

可以证明，$\hat{I}$ 是 I 的无偏估计。根据大数定理，当 $\{x_k^i\}_{i=1}^{N}$ 中的样本相互独立且 $N \to \infty$ 时，$\hat{I}$ 以概率 1 收敛到 I，即

$$p(\lim_{N\to\infty}\hat{I}=I)=1 \qquad (6-39)$$

若不为 0 的有界方差 σ_g^2 存在，即若存在

$$\sigma_g^2=\int_D[f(x)-I]^2 p(x)\mathrm{d}x<+\infty \qquad (6-40)$$

则在置信水平为 $1-\alpha$ 时，不等式

$$|\hat{I}-I|\leqslant\frac{\lambda_\alpha\sigma_g}{\sqrt{N}} \qquad (6-41)$$

成立。也就是说，Monte Carlo 积分方法的误差的阶为 $O(N^{-1/2})$，其与积分维数无关，因此其十分适用于求解多重积分问题。由式（6-41）可见，给定置信水平 $1-\alpha$，误差由 σ_g 和 $\sqrt{N}$ 决定。若要减少误差，要么增大样本数目 N，要么降低方差 σ_g^2。通常，降低方差的各种技巧包括重要性采样、系统采样、分层采样等。

6.2.3 基于粒子滤波的装备剩余使用寿命预测建模研究

PF 算法的基本原理是利用粒子群和与之相应的表示离散概率的权重集合对装备剩余使用寿命的条件概率密度函数 $p(x_k|z_{1:k})$ 进行估计。因此，可以通过寻找一组在状态空间中传播的随机样本对 $p(x_k|z_{1:k})$ 进行近似，以样本均值代替积分运算，从而获得状态最小方差估计。用数学语言描述如下。

假定 $k-1$ 时刻装备剩余使用寿命的后验概率密度函数为 $p(x_{k-1}|z_{1:k-1})$，依据一定原则选取 N 个随机样本点（即粒子），在获得 k 时刻的测量信息后，经过状态和时间更新过程，N 个粒子的后验概率密度可近似为 $p(x_k|z_{1:k})$。随着粒子数目的增加，粒子的概率密度函数逐渐逼近装备剩余使用寿命的概率密度函数，PF 估计即达到了最优贝叶斯估计效果。

当给定一个描述装备状态随时间变化的非线性状态模型、一个观测模型、一个已知观测值集合 $z_{1:k}=(z_1,z_2,\cdots,z_k)$ 和装备剩余使用寿命的初始条件概率分布 $p(x_0)$ 时，就可以利用 PF 算法对剩余使用寿命的后验条件概率分布进行估计，并在获得新的状态观测信息后对其不断地进行递归更新。

1. 建立装备的非线性状态空间模型

状态空间模型是进行 PF 算法应用研究的基础，因此要对装备剩余使用寿命进行研究，首先要建立符合实际的非线性状态空间模型。系统的状态空间模型一

般分为状态更新模型 $p(x_k|x_{k-1})$ 和观测模型 $p(z_k|x_k)$，因此建立装备非线性状态空间模型如下。

状态方程

$$x_k = f_k(x_{k-1}, \omega_{k-1}) \leftrightarrow p(x_k|x_{k-1}) \quad (6-42)$$

观测方程

$$z_k = h_k(x_k, \upsilon_{k-1}) \leftrightarrow p(z_k|x_k) \quad (6-43)$$

式中，x_k 为 k 时刻装备状态，如剩余使用寿命、裂纹长度等；z_k 为 k 时刻装备的测量信息，如振动信号、油液浓度等；$f_k(R^{n_x} \times R^{n_\omega} \to R^{n_x})$ 为状态转移函数，可能非线性；$h_k(R^{n_x} \times R^{n_\upsilon} \to R^{n_z})$ 为测量函数，可能非线性；$\{\omega_k, k \in N\}$ 为独立同分布状态噪声向量序列，可能非高斯，分布已知；$\{\upsilon_k, k \in N\}$ 为独立同分布测量噪声向量序列，可能非高斯，分布已知。

2. 剩余使用寿命后验概率分布的最优贝叶斯估计

状态空间模型能准确地模拟装备退化过程，在实际工程应用中，假设上述状态空间模型的观测数据序列 $\{z_k, k \in N\}$，在给定由马尔可夫模型描述的状态过程 $\{x_k, k \in N\}$ 时是条件独立的，那么剩余使用寿命预测建模过程，就是基于观测数据序列，通过递推估计出装备剩余使用寿命的后验概率密度函数 $p(x_{0:k}|z_{1:k})$，特别是其边缘概率密度函数 $p(x_k|z_{1:k})$。

根据贝叶斯理论，给定 k 时刻之前的观测信息 $z_{1:k} = \{z_m, m = 1, 2, \cdots, k\}$，装备剩余使用寿命 x_k 可以用概率密度函数 $p(x_k|z_{1:k})$ 表示。假设装备剩余使用寿命的初始分布 $p(x_0)$ 已知，在此将装备剩余使用寿命预测过程分为两个阶段，即预测和更新。

（1）预测阶段

利用装备状态模型和历史状态监测信息，根据 Chapman–Kolmogorov 方程得到在 k 时刻装备剩余使用寿命 x_k 的先验概率密度分布。其过程为从 $k-1$ 时刻概率密度分布 $p(x_{k-1}|z_{1:k-1})$ 对 k 时刻的先验状态概率密度函数进行估计，即

$$p(x_k|z_{1:k-1}) = \int p(x_k|x_{k-1}) p(x_{k-1}|z_{1:k-1}) \, dx_{k-1} \quad (6-44)$$

其中，转移概率 $p(x_k|x_{k-1})$ 由上述公式定义，此过程运用了马尔可夫过程的无后效性假设。

（2）更新阶段

在 k 时刻获得新的观测信息 z_k 后，根据贝叶斯法则对先验概率密度函数进行更新，进而获得当前装备剩余使用寿命 x_k 的后验概率密度函数，即

$$p(x_k | z_{1:k}) = \frac{p(x_k | z_{1:k-1}) p(z_k | x_k)}{p(z_k | z_{1:k-1})} \qquad (6-45)$$

其中标准化常量

$$p(z_k | z_{1:k-1}) = \int p(x_k | z_{1:k-1}) p(z_k | x_k) \, \mathrm{d}x_k \qquad (6-46)$$

当得到后验概率分布后，就可以对剩余使用寿命进行各种估计，如最小均方估计、最大后验概率估计、各阶矩估计以及任意关于 $p(x_k | z_{1:k})$ 可积函数 $f(\ )$ 的期望

$$I = E_{p(x_k | z_{1:k})}[f(x_k)] = \int f(x_k) p(x_k | z_{1:k}) \, \mathrm{d}x_k \qquad (6-47)$$

公式之间的递归关系给出了装备剩余使用寿命的贝叶斯估计方法。不足的是，除了在少数情况下，即线性高斯状态空间模型情况下外，这个方法是不能在非线性非高斯分布的情况之下得到解析解的，因为需要对复杂多重积分进行计算。鉴于 PF 算法在处理非线性非高斯问题时的优越性，下面针对预测模型中的多重积分问题开展研究。

3. 剩余使用寿命后验概率密度的粒子表示

在实际应用中，非线性系统的积分运算，尤其是多重积分计算是难以获得解析解的。因此本书根据 PF 算法，将 k 时刻装备剩余使用寿命 $x_{0:k}$ 的联合后验概率密度函数 $p(x_{0:k} | z_{1:k})$，通过一个样本集合和每个样本相应的重要性权重，即 $\{x_{0:k}^i, w_k^i\}_{i=1}^N$，进行近似计算，建立利用粒子表示装备剩余使用寿命的后验概率密度函数的过程如下。

（1）用粒子表示后验概率密度

给定测量序列 $z_{0:k}$，装备剩余使用寿命 $x_{0:k}$ 的联合后验概率密度 $p(x_{0:k} | z_{1:k})$ 为

$$p(x_{0:k} | z_{1:k}) = \int p(\xi_{0:k} | z_{1:k}) \delta(\xi_{0:k} - x_{0:k}) \, \mathrm{d}\xi_{0:k} \qquad (6-48)$$

假设真实的后验概率密度 $p(x_{0:k} | z_{1:k})$ 是已知的，且可以进行采样，那么根据 Monte Carlo 积分法，式（6-48）的估计值可以表示为

$$\hat{p}(x_{0:k}|z_{1:k}) = \frac{1}{N}\sum_{i=1}^{N}\delta(x_{0:k}-x_{0:k}^i) \qquad (6-49)$$

式中，$x_{0:k}^i$（$i=1,2,\cdots,N$）是从 $p(x_{0:k}|z_{1:k})$ 采样的随机独立样本集。

但是实际上，真实后验概率密度 $p(x_{0:k}|z_{1:k})$ 通常是未知的，因此无法完成抽样。为解决此问题，在此采取 SIS 技术，即选取合适的重要性函数 $q(x_{0:k}|z_{1:k})$ 对状态序列 $x_{0:k}^i$ 进行抽样

$$p(x_{0:k}|z_{1:k}) = \int q(\xi_{0:k}|z_{1:k})\frac{p(\xi_{0:k}|z_{1:k})}{q(\xi_{0:k}|z_{1:k})}\delta(\xi_{0:k}-x_{0:k})\mathrm{d}\xi_{0:k} \qquad (6-50)$$

根据式（6-48）和式（6-49），可以通过式（6-51）对式（6-50）进行估计

$$\hat{p}^*(x_{0:k}|z_{1:k}) = \frac{1}{N}\sum_{i=1}^{N}w_k^{*i}\delta(x_{0:k}-x_{0:k}^i) \qquad (6-51)$$

其中，重要性权值

$$w_k^{*i} = \frac{p(x_{0:k}^i|z_{1:k})}{q(x_{0:k}^i|z_{1:k})} = \frac{p(z_{1:k}|x_{0:k}^i)p(x_{0:k}^i)}{p(z_{1:k})q(x_{0:k}^i|z_{1:k})} \qquad (6-52)$$

式中，w_k^{*i} 是与状态序列 $x_{0:k}^i$ 相关的重要性权重；$x_{0:k}^i$ 从 $q(x_{0:k}|z_{1:k})$ 进行采样；$p(z_{1:k}|x_{0:k}^i)$ 是观测序列的概率。在应用时，重要性权值 w_k^{*i} 是难以计算的，因为需要知道标准量 $p(z_{1:k}) = \int p(z_{1:k}|x_{0:k})p(x_{0:k})\mathrm{d}x_{0:k}$，其在闭区间难以用公式表示。为解决此问题，联合后验概率密度 $p(x_{0:k}|z_{1:k})$ 的估计可以按式（6-53）计算

$$\hat{p}(x_{0:k}|z_{1:k}) = \sum_{i=1}^{N}\tilde{w}_k^j\delta(x_{0:k}-x_{0:k}^i) \qquad (6-53)$$

其中，贝叶斯重要性权重 $\tilde{w}_k^j$ 为

$$\tilde{w}_k^j = \frac{w_k^j}{\sum_{j=1}^{N}\tilde{w}_k^j} \qquad (6-54)$$

其中

$$w_k^j = \frac{p(z_{1:k}|x_{0:k}^i)p(x_{0:k}^i)}{q(x_{0:k}^i|z_{1:k})} = w_k^{*i}p(z_{1:k}) \qquad (6-55)$$

（2）重要性权重的更新

在实际应用中的目的是基于上一时刻的后验概率密度函数 $p(x_{0:k-1}|z_{1:k-1})$ 对 k 时刻的分布 $p(x_{0:k}|z_{1:k})$ 进行预测估计。根据对贝叶斯滤波的扩展，$p(x_{0:k}|z_{1:k})$ 的递归公式为

$$p(x_{0:k} | z_{1:k}) = p(x_{0:k} | z_k, z_{1:k-1})$$

$$= \frac{p(x_{0:k} | z_{1:k-1}) p(z_k | x_{0:k}, z_{1:k-1})}{p(z_k | z_{1:k-1})}$$

$$= \frac{p(x_k, x_{0:k-1} | z_{1:k-1}) p(z_k | x_{0:k}, z_{1:k-1})}{p(z_k | z_{1:k-1})}$$

$$= \frac{p(x_k | x_{0:k-1}, z_{1:k-1}) p(x_{0:k-1} | z_{1:k-1}) p(z_k | x_{0:k}, z_{1:k-1})}{p(z_k | z_{1:k-1})}$$

$$= \frac{p(x_k | x_{0:k-1}) p(x_{0:k-1} | z_{1:k-1}) p(z_k | x_{0:k})}{p(z_k | z_{1:k-1})}$$

$$= p(x_{0:k-1} | z_{1:k-1}) \frac{p(x_k | x_{0:k-1}) p(z_k | x_{0:k})}{p(z_k | z_{1:k-1})} \quad (6-56)$$

式（6-56）的推导过程利用了马尔可夫过程的无后效性假设，以及给定系统状态序列时，观测量是条件独立的。重要密度函数 $q(x_{0:k} | z_{1:k})$ 可分解为

$$q(x_{0:k} | z_{1:k}) = q(x_0 | z_1) \prod_{j=1}^{k} q(x_j | x_{0:j-1}, z_{1:j})$$

$$= q(x_0 | z_1) q(x_1 | x_0, z_1) q(x_2 | x_{0:1}, z_{1:2}) \cdots q(x_k | x_{0:k-1}, z_{1:k})$$

$$= q(x_0 | z_1) q(x_2 | x_{0:1}, z_{1:2}) \cdots q(x_k | x_{0:k-1}, z_{1:k})$$

$$= q(x_{0:k-1} | z_{1:k-1}) q(x_k | x_{0:k-1}, z_{1:k}) \quad (6-57)$$

此时，非标准化权重 w_k^{*i} 的递推公式为

$$w_k^{*i} = \frac{p(x_{0:k}^i | z_{1:k})}{q(x_{0:k}^i | z_{1:k})} = \frac{p(x_{0:k-1}^i | z_{1:k-1}) \frac{p(x_k^i | x_{k-1}^i) p(z_k | x_k^i)}{p(z_k | z_{1:k-1})}}{q(x_{0:k-1}^i | z_{1:k-1}) q(x_k^i | x_{0:k-1}^i, z_{1:k})}$$

$$= \frac{p(x_{0:k-1}^i | z_{1:k-1})}{q(x_{0:k-1}^i | z_{1:k-1})} \cdot \frac{p(x_k^i | x_{k-1}^i) p(z_k | x_k^i)}{q(x_k^i | x_{0:k-1}^i, z_{1:k}) p(z_k | z_{1:k-1})}$$

$$= w_{k-1}^{*i} \frac{p(x_k^i | x_{k-1}^i) p(z_k | x_k^i)}{q(x_k^i | x_{0:k-1}^i, z_{1:k}) p(z_k | z_{1:k-1})} \quad (6-58)$$

则根据式（6-55），w_k^i 的递推公式为

$$w_k^i = w_k^{*i} p(z_{1:k}) = w_{k-1}^{*i} \frac{p(x_k^i | x_{k-1}^i) p(z_k | x_k^i)}{q(x_k^i | x_{0:k-1}^i, z_{1:k})} \cdot \frac{p(z_{1:k})}{p(z_k | z_{1:k-1})}$$

$$= w_{k-1}^i \frac{p(x_k^i | x_{k-1}^i) p(z_k | x_k^i)}{q(x_k^i | x_{0:k-1}^i, z_{1:k})} \quad (6-59)$$

式中，$p(z_{1:k}) = p(z_k, z_{1:k-1}) = p(z_k | z_{1:k-1}) p(z_{1:k-1})$。

在工程应用领域，由于时间和费用的限制，并不是在每个时间点都对装备状

态进行监测信息采集,而是在定期检测时或者随机监测点 $k_1,k_2\cdots$ 才能得到系统状态的监测信息。将监测点 k 之前的观测序列表示为 $\{z\}_k=\{z_j:j=k_1,\cdots,k_f\leqslant k\}$,当权重更新公式(6-59)仅用于观测时间 $k_1,\cdots,k_f$,且权重 w_k^i 在其他的时刻 $k\neq k_1,\cdots,k_f$ 保持不变的情况下,上述 Monte Carlo 估计的形式仍然有效。

(3)选择重要性函数

重要性函数的选取准则是使得重要性权重的方差最小。Liu 等证明了最优重要性函数为 $q(x_k|x_{0:k-1},z_{1:k})=p(x_k|x_{0:k-1},z_{1:k})$。利用马尔可夫过程的无后效性假设,可以得到 $q(x_k|x_{0:k-1},z_{1:k})=q(x_k|x_{k-1},z_{1:k})$,则重要密度函数仅依赖 x_{k-1} 和 $z_{1:k}$。在计算时,仅需存储粒子 $\{x_k^i\}_{i=1}^N$,而不必关心粒子集 $\{x_{0:k-1}^i\}_{i=1}^N$。此时得到权值为

$$w_k^i = w_{k-1}^i \frac{p(x_k^i|x_{k-1}^i)p(z_k|x_k^i)}{q(x_k^i|x_{k-1}^i,z_{1:k})} \quad (6-60)$$

但采用最优重要性函数需要从 $p(x_k|x_{0:k-1},z_{1:k})$ 进行采样并计算积分,因此在实际应用中,多数重要性函数都是采用容易实现的次优算法,即

$$q(x_k^i|x_{k-1}^i,z_{1:k}) = p(x_k^i|x_{k-1}^i) \quad (6-61)$$

将式(6-61)代入式(6-60),可将重要性权值更新公式化简为

$$w_k^i = w_{k-1}^i p(z_k|x_k^i) \quad (6-62)$$

综上,建立 SIS 算法流程,如图 6-1 所示。

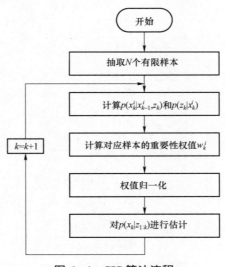

图 6-1 SIS 算法流程

SIS 算法伪代码归纳如下：

设 $t=0$，从先验分布 $p(x_0)$ 产生 N 个样本 $\{x_0^i\}_{i=1}^N$。

 for i=1:N

  $w_0^i = 1/N$ %初始化重要性权值

 end

 for t=0:T

  for i=1:N

   $x_k^i \sim q(x_k \mid x_{0:k-1}^i, z_{1:k})$ %重要性采样，且令 $x_{0:k}^i = (x_{0:k-1}^i, x_k^i)$

   $w_k^i = w_{k-1}^i \dfrac{p(x_k^i \mid x_{k-1}^i)p(z_k \mid x_k^i)}{q(x_k^i \mid x_{0:k-1}^i, z_{1:k})}$ %权重更新

  end

  for i=1:N

   $\tilde{w}_k^i = \dfrac{w_k^i}{\sum\limits_{j=1}^N w_k^j}$ %权值归一化

  end

 end

（4）重采样技术

由于选择重要性函数的局限性，PF 算法的退化现象是不可避免的，为解决这个问题，通常采用重采样技术。重采样算法的思想是通过对粒子和相应权重表示的概率密度函数进行重新采样，淘汰重要性权值较小的粒子，增加权值较大的粒子数。

图 6-2 为重采样原理示意。第①步是 $k-1$ 时刻系统观测过程。$k-1$ 时刻先验概率密度由若干权值为 $1/N$ 的粒子近似表示，经过系统观测后重新计算粒子权值 w_{k-1}^i ［符合实际情况的粒子（即波峰处的粒子）将赋予较大的权值（粒子面积即权重），而偏离实际情况的粒子（即波谷处的粒子）将赋予较小的权值］。第②步即重采样过程，权值大的粒子衍生出较多的"后代"粒子，而权值小的粒子相应的"后代"粒子也较少，并且"后代"粒子权值被重新设置为 $1/N$。第③步是系统状态转移过程，对每个粒子在 k 时刻的状态进行预测。第④步则是 k 时刻系统观测过程（同第①步）并且通过若干粒子的加权得到目标状态估计。

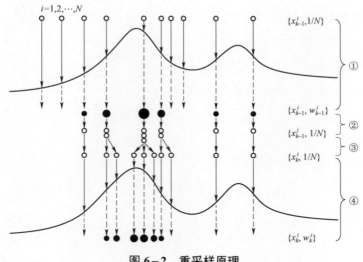

图 6-2 重采样原理

① 有效样本尺度。

粒子的退化程度可以通过有效样本尺度进行度量。有效样本尺度 N_{eff} 的定义为

$$N_{\text{eff}} = \frac{N}{1 + \text{Var}_{q(x)}[w(x_{0:k})]} \quad (6-63)$$

式中，N_{eff} 表示真实分布中的对应权值。N_{eff} 一般不能准确地计算，因此一般不可能得到 N_{eff} 的解析表达式，在此可以用近似的方法，即

$$\hat{N}_{\text{eff}} = \frac{1}{\sum_{i=1}^{N}(w_k^i)^2} \quad (6-64)$$

式中，w_k^i 是 SIS 算法中得到的归一化权值。当所有的样本有相同的权值时，$\hat{N}_{\text{eff}} = N$；当只有一个样本有非零权值时，$\hat{N}_{\text{eff}} = 1$。有效样本尺度是度量粒子退化程度的有效手段，N_{eff} 越小表明退化现象越严重。

② 重采样时机。

重要性权值方差越大时，$\hat{N}_{\text{eff}}(0 < \hat{N}_{\text{eff}} \leq N)$ 越小，当小于给定的阈值 $N_{\text{threshold}}$，即 $N_{\text{eff}} < N_{\text{threshold}}$ 时，就必须启用重采样策略减小重要性权值的方差。直观上来看，进行重采样步骤后，每个样本被重新分配相同的权值，所以 $\hat{N}_{\text{eff}} = N$，此时可认为重要性权值方差最小，为理想中的最优估计。

重采样通常发生在两次重要性采样步骤之间，可能是确定的或动态的。在确定性框架下,重采样每 k 步执行一次,通常 $k=1$;在动态策略下,设置一系列阈值来控制重要性权值方差,当超过阈值时才进行重采样。

③ 重采样算法。

1993 年,Gordon 等提出 SIR 算法,基本解决了粒子退化问题。此后,一些重要的 SIR 算法被相继提出,如多项式重采样、分层重采样、残差重采样、系统重采样算法等。

a. 多项式重采样算法。

步骤 1:在(0,1]区间内按均匀分布采样得到 N 个独立同分布的采样值集合 $\{U^i\}_{1\leqslant i \leqslant N}$。

步骤 2:令 $I^i = D_w^{\text{inv}}(U^i)$,$\tilde{x}^i = x^{I^i}$,$i=1,2,\cdots,N$。其中 D_w^{inv} 是权值集合的累积分布函数的逆元,即当 $u \in \left(\sum_{j=1}^{i-1} w^j, \sum_{j=1}^{i} w^j\right]$ 时,$D_w^{\text{inv}}(u)=i$。设 $x(i)=x^i$ 满足函数映射 $x:\{1,2,\cdots,m\} \to X$,则 $\tilde{x}^i$ 可以表示为 $x \circ D_w^{\text{inv}}(U^i)$,从而得到重采样的样本索引号 i。

步骤 3:给定样本集 $\{x^i, \tilde{w}^i\}$,根据 $\tilde{w}^i$ 复制 x^i 产生新样本集,重新设置权值 $\tilde{w}^i = 1/N$。

记 $\text{Mult}(N; w^1, \cdots, w^m)$ 为采样大小 N,权值集合为 $\{w^j\}_{1\leqslant i \leqslant m}$ 的重采样函数;$\{N^i\}_{1\leqslant i \leqslant m}$ 为重采样后对应粒子复制数目的集合,其中 N^i 表示重采样前的第 i 个粒子在重采样后被复制的数目,也就是第 i 个粒子产生 N^i 个后代,且有 $\sum_{i=1}^{N} N^i = N$,$0 \leqslant N^i \leqslant m$。

b. 分层重采样算法。

步骤 1:将(0,1]分成 N 个连续互不重合的区间,即 $(0,1]=(0,1/N]\cup\cdots\cup((N-1)/N,1]$。

步骤 2:对每个子区间独立同分布采样得到 U^i,即 $U^i = U(((i-1)/N, i/N])$,其中 $U((a,b])$ 表示区间 $(a,b]$ 上的均匀分布。

步骤 3:令 $I^i = D_w^{\text{inv}}(U^i)$,$\tilde{x}^i = x^{I^i}$,$i=1,2,\cdots,N$。其中 D_w^{inv} 是权值集合的累积分布函数的逆元,即当 $u \in \left(\sum_{j=1}^{i-1} w^j, \sum_{j=1}^{i} w^j\right]$ 时,$D_w^{\text{inv}}(u)=i$。设 $x(i)=x^i$ 满足函

数映射 $x:\{1,\cdots,m\} \to X$，则 $\tilde{x}^i$ 可以表示为 $x \circ D_w^{\text{inv}}(U^i)$，从而得到重采样的样本索引号 i。

步骤 4：给定样本集 $\{x^i, \tilde{w}^i\}$，根据 $\tilde{w}^i$ 复制 x^i 产生新样本集，重新设置权值 $\tilde{w}^i = 1/N$。

多项式重采样算法采用的随机数集合是均匀分布的，呈现一种无规律性，当这个集合中的随机数按升序排列时，多数情况下得到的滤波结果都优于无序时，但是排序过程会增大系统的时间消耗，出于对时间复杂度的考虑，算法中不能出现排序。分层重采样算法将随机数区间分成 N 个连续但不重合的区间，对每个区间采样一个随机数，这样得到的分布集合自动按升序排列，但又没有因为排序带来额外的时间消耗，因此优于传统的多项式重采样算法，而且可以证明，分层重采样算法减少了重采样的 Monte Carlo 方差。因此，鉴于装备剩余使用寿命预测要求模型运算时间越短越好，本书采用了分层重采样算法。

4. 构建装备剩余使用寿命后验概率密度的 PF 算法流程

由上，装备剩余使用寿命的后验概率密度 $p(x_k \mid z_{1:k})$ 可表示为

$$p(x_k \mid z_{1:k}) \approx \sum_{i=1}^{N} w_k^i \delta(x_k - x_k^i) \tag{6-65}$$

采用 SIR 粒子滤波算法对后验概率密度函数进行估计的步骤如下。

步骤 1：初始化 $k=0$。

从先验分布采样 N 个粒子：$x_0^i \sim p(x_0)$，生成初始粒子群 $\{x_0^i\}_{i=1}^N$，并设置初始权重 $\tilde{w}_0^i = \dfrac{1}{N}$，$i = 1, 2, \cdots, N$。

步骤 2：重要性采样（SIS）。

从建议分布采样：$x_k^i \sim q(x_k \mid x_{0:k-1}^i, z_{1:k})$，且令 $x_{0:k}^i = (x_{0:k-1}^i, x_k^i)$。

重要性权值更新：$w_k^i = w_{k-1}^i \dfrac{p(x_k^i \mid x_{k-1}^i) p(z_k \mid x_k^i)}{q(x_k^i \mid x_{0:k-1}^i, z_{1:k})}$

重要性权值归一化：$\tilde{w}_k^i = \dfrac{w_k^i}{\sum_{j=1}^{N} w_k^j}$

步骤 3：判断是否进行重采样过程。

计算有效样本尺度 $\hat{N}_{\mathrm{eff}} = \dfrac{1}{\sum\limits_{i=1}^{N}(w_k^i)^2}$，如果 $N_{\mathrm{eff}} < N_{\mathrm{threshold}}$，进行重采样；否则进入步骤5。

步骤4：重采样。

采用重采样算法，从 $x_k^i(i=1,2,\cdots,N)$ 粒子集合中根据归一化的重要性权值 $\tilde{w}_k^i$ 重新采样，得到新的粒子集合 $\tilde{x}_k^i(i=1,2,\cdots,N)$，并重新设置粒子权值为 $\tilde{w}_k^i = \dfrac{1}{N}$。

步骤5：输出。

输出粒子及其权重集合 $\{x_k^i, w_k^i\}_{i=1}^{N}$，根据 $\{x_k^i, w_k^i\}_{i=1}^{N}$ 对当前时刻装备剩余使用寿命的后验概率密度函数进行估计。

步骤6：判断估计过程是否结束。若是，则退出；否则，令 $k=k+1$，当获得下一时刻的测量值时，返回步骤2。

第 7 章

基于剩余使用寿命预测的装备维修决策研究

7.1 维修决策基本模型

维修决策的目的是在保证装备安全性和可靠性的前提下,对维修成本和效益进行综合权衡,确定和调整维修时机、维修任务和维修计划,实现及时、有效和经济的维修。

维修决策是基于状态的维修过程的最后一环节,也是实施剩余使用寿命预测的目的。当确定了装备的剩余使用寿命分布后,需要根据当前装备的运行状态及剩余使用寿命预测结果,判断如何做出最优的维修决策,即确定装备是否需要进行维修,若需要,何时进行维修比较合适。其目的是以最小的维修资源消耗,实现不同的维修决策目标。

在对装备实施维修决策时,首先需要确定决策目标,按照不同的故障后果及影响,建立不同的目标约束函数和维修决策模型。在以可靠性为中心的维修中,维修决策模型分为以下 3 种。

① 风险模型:若装备故障可能造成人员伤亡等安全性或环境性危害时,维修决策应以安全性为目标,通常以故障率或风险率作为目标函数。通过给定的故障可接受水平 α 从而求得装备的预防性维修间隔 T,即

$$F(T) < \alpha \text{ 或 } R(T) \geqslant 1-\alpha \qquad (7-1)$$

式中,α 为风险率;$R(T)$ 为可靠度函数;$F(T)$ 为故障率函数。

② 可用度模型:当装备故障不会造成安全性影响但会影响到任务的完成时,则应以任务性为目标,通常以装备平均可用度作为目标函数。可用度是指装备在

任一随机时刻需要和开始执行任务时一样,处于可工作或可使用状态的概率,是装备可用性的度量。而平均可用度 A 则是装备在给定确定时间内可用度的平均值。在实际使用中,平均可用度可表示为某一给定时间内能工作的时间 U 与能工作时间和不能工作时间 D 总和之比,即

$$A = \frac{U}{U+D} \quad (7-2)$$

在工龄更换模型中,式(7-2)可表示为

$$A(T) = \frac{T \cdot R(T) + \int_0^T t \cdot f(t)\,dt}{(T+T_p)R(T) + \int_0^T (t+T_f)f(t)\,dt} \quad (7-3)$$

式中,T_p 和 T_f 分别为预防性维修时间和修复性维修时间;$f(t)$ 为故障率概率密度函数;$R(T)$ 为相应的可靠度函数。

③ 费用模型:当装备故障不会造成安全性或任务性影响时,应考虑装备故障可能造成的经济损失,此时应以经济性为目标。费用模型是一类通用的基本模型,在大多数情况下都可能遇到,其通常以装备单位时间内的平均费用 $C(T)$ 最小为目标函数。在工龄更换模型中,可表示为

$$C(T) = \frac{E(C)}{E(T)} = \frac{C_p R(T) + C_f(1-R(T))}{(T+T_p)R(T) + \int_0^T (t+T_f)f(t)\,dt} \quad (7-4)$$

式中,C_p 和 C_f 分别为预防性维修费用和修复性维修费用。

基于状态的维修属于预防性维修的一种,其维修活动一般是按计划在装备未发生故障之前或是装备即将发生故障时进行。本章所建模型,无论对装备进行修复性维修还是实施预防性维修,均认为进行维修后装备的状态是修复如新的,即修理后的装备具有同新装备一样的性能。

基于状态的维修间隔期与传统定期维修间隔期存在较大的不同,后者的维修间隔期是一个常数,不随其他条件的变化而变化;而基于状态的维修间隔时间不是预先给定的固定值,其随着装备运行状态和运行环境的变化而不断改变。

7.2 基于费用模型的维修决策研究

当装备故障没有安全性和任务性影响时,总是希望装备的运行与维修保障

费用尽可能低。费用模型的决策目标就是确定最优的维修间隔时间,使单位时间内的平均费用最小。另外,维修间隔时间是一个广义的时间概念,如用行驶里程、摩托小时、射弹发数以及通用的日历时间来衡量。需要注意的是,维修间隔时间所用的时间单位要与描述该装备可靠性的时间单位保持一致。在此将以日历时间为例,根据装备剩余使用寿命预测结果,建立基于费用的维修决策模型。

在基于状态的维修策略中,装备存在两种可能的维修方式。

① 装备尚未运行到预先确定的最优维修间隔时间就发生了故障,因为根据对可靠性的学习,故障的发生是随机的,虽然前期采取了预防性维修措施,但不能完全避免故障的发生,此时需要进行维修,称为修复性维修。

② 装备正常运行到预定的最优维修间隔时间,虽然其尚未发生故障,但是也要按计划进行维修,称为预防性维修。

一般用单位时间内的平均费用来衡量费用的高低,平均费用等于费用除以时间。但是要建立费用与维修间隔时间的关系还存在一定的困难。因为根据可靠性理论,故障的发生是随机的,因此一段时间内发生多少次预防性维修以及多少次修复性维修,描述起来比较困难。但是根据更新过程理论,当装备使用时间足够长时,单位时间内的平均费用可以用一个周期内的数学期望表示,即

$$\text{单位时间平均费用} = \frac{\text{每个更新周期总费用的期望值}}{\text{更新周期长度的期望值}} \quad (7-5)$$

这样只要考虑一个周期内的情况就可以了。在此将装备从实施维修后开始工作到下一次发生修复性维修或预防性维修之间的时间作为一个更新周期,如图 7-1 所示,T_i 定义为当前第 i 个监测点时刻至下一次最优维修间隔时间。为绘图方便,图中没有标出进行维修活动所消耗的时间 T_p 和 T_f。

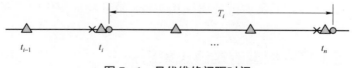

图 7-1 最优维修间隔时间

△ - 检测; × - 故障; ○ - 维修活动

7.2.1 模型假设和参数设置

模型假设如下。

① 在修复性维修和预防性维修策略下，装备的状态都是"修复如新"的。
② 装备采取预防性维修的费用小于进行修复性维修的费用。
③ 状态监测时间相对于装备整个寿命周期可忽略不计。
④ 装备运行时间远大于装备的平均故障间隔时间。

参数说明如下。

① C_p：预防性维修费用。
② C_f：修复性维修费用，一般 $C_f > C_p$。
③ C_d：由于维修带来的单位时间内的平均生产损失。
④ T_i：当前第 i 个监测点时刻至下一次最优维修间隔时间。
⑤ $C(T_i)$：装备最优维修间隔时间为 T_i 时，一个更新周期内的单位时间平均费用。
⑥ t_i：装备第 i 个状态监测点的时间。
⑦ T_p：预防性维修所需的平均时间。
⑧ T_f：修复性维修所需的平均时间。
⑨ C_m：每次状态监测的平均检测费用。

7.2.2 基于费用的维修决策建模

根据式（7-5），装备单位时间内的期望费用等于一个更新周期内的总费用除以更新周期内的总时间，下面对一个周期内的费用和时间的构成进行分析。

假设计划在 T_i 进行维修或更换，那么在该寿命周期内，被监测对象总的维修费用的期望由 3 部分组成。

① 直到当前监测时刻 t_i 的状态检查费用。
② 在 $[t_i, t_i + T_i]$ 之间进行修复性维修的期望费用。
③ 在 $t_i + T_i$ 时刻进行预防性维修的期望费用。

因此，被监测对象在该寿命周期内总维修费用的期望值可以表示如下。

① 更新周期内的总费用=预防性维修费用×发生预防性维修的概率+修复性

维修费用×发生修复性维修的概率+状态监测平均费用，即

$$E(C) = (C_p + C_d T_p) p(x_i \geq T_i | Y_i) + (C_f + C_d T_f)(1 - p(x_i \geq T_i | Y_i)) + iC_m$$
$$= (C_p + C_d T_p - C_f - C_d T_f) p(x_i \geq T_i | Y_i) + C_f + C_d T_f + iC_m$$
$$(7-6)$$

② 更新周期长度=当前状态监测时刻（装备已工作的时间）+到达最优维修间隔点之前的时间×期间无故障的概率+装备的剩余使用寿命×发生修复性维修概率，即

$$E(T) = t_i + (T_i + T_p) p(x_i \geq T_i | Y_i) + \int_0^{T_i} (x_i + T_f) p(x_i | Y_i) \mathrm{d}x_i \quad (7-7)$$

则费用模型可建立为

$$C(T_i) = \frac{(C_p + C_d T_p - C_f - C_d T_f) p(x_i \geq T_i | Y_i) + C_f + C_d T_f + iC_m}{t_i + (T_i + T_p) p(x_i \geq T_i | Y_i) + \int_0^{T_i} (x_i + T_f) p(x_i | Y_i) \mathrm{d}x_i} \quad (7-8)$$

式（7-8）中，装备剩余使用寿命的后验概率密度函数 $p(x_i | Y_i)$ 由式（6-65）给出，而

$$p(x_i \geq T_i | Y_i) = 1 - p(x_i \leq T_i | Y_i) = 1 - \int_0^{T_i} p(x_i | Y_i) \mathrm{d}x_i \quad (7-9)$$

利用数值方法对式（7-8）进行计算，得出装备可达到的最小单位费用 C 及所对应的下一次维修间隔时间 T_i。事实上，C 和 T_i 的值在装备整个寿命周期内是动态变化的，当获取新的状态监测信息 Y_{i+1} 后，需要将更新后的 $p(x_{i+1} | Y_{i+1})$ 代入式（7-8）进行重新计算，从而实现根据不断获取的新状态信息实时确定最优维修间隔时间。

7.2.3 维修决策优化规则

如图 7-2 所示，在当前状态监测时刻 t_i，根据式（7-8），如果 $C(T_i)$ 的最小值出现在区间 $[t_i, t_{i+1}]$ 范围内（实线），即两次状态监测时间之间，则表明被监测对象在时刻 T_i 进行预防更新是最佳的；反之，如果 $C(T_i)$ 的最小值在区间 $[t_i, t_{i+1}]$ 范围内不存在（虚线），则表明对被监测对象不采取任何维修干预措施是最佳的，被监测对象应继续运行一段时间，直至下一监测时刻 t_{i+1} 获得新的状态监测信息 y_{i+1} 后进行重新决策，以确定下一次最佳维修时机 T_{i+1}。

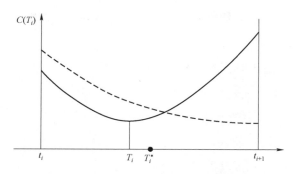

图 7-2　最佳维修时机确定示意

在维修决策的过程中，将剩余使用寿命的预测期望值 T_i^* 也考虑进去，如果基于费用模型所确定的下一次最优维修间隔时间 T_i 在剩余使用寿命预测期望值 T_i^* 之前，即 $T_i < T_i^*$，则以费用模型结果作为决策依据；反之，如果基于费用模型所确定的下一次最优维修间隔时间 T_i 在剩余使用寿命预测期望值之后 T_i^*，即 $T_i > T_i^*$，则以剩余使用寿命预测期望值 T_i^* 为依据进行维修决策。

需要指出的是，当维修活动所消耗的时间 T_p 和 T_f 远远小于 T_i 时，在费用模型中可以忽略不计。在实施基于状态的维修过程中，用于状态监控的费用主要为检测设备、仪器等前期投入，而在每次检测中的状态监控费用 C_m 相对于 C_p 和 C_f 来说可以忽略不计，因此在实际决策过程中，常常近似取 $C_m = 0$。

7.3　基于可用度模型的维修决策研究

对于任务性要求下的装备常常采用可用度作为其维修决策的目标函数。可用度是指装备在任一随机时刻需要和开始执行任务时一样，处于可工作或可使用状态的概率，是装备可用性的概率度量。假定装备的运行周期是无限重复的，若装备在发生故障前进行预防性维修，其修复时间要小于故障后的修复时间，且认为各离散时间点的检测时间与维修时间相比可忽略不计。同费用模型类似，可以建立装备长期使用情况下的可用度模型。

模型假设如下。

① 在修复性维修和预防性维修策略下，装备的状态都是"修复如新"的。

② 装备采取修复性维修时间大于预防性维修时间。

③ 各离散时间点的检测时间与维修时间相比可忽略不计。

参数说明如下。

① T_i：可用度最大时，当前第 i 个监测点时刻至下一次最优维修间隔时间。

② $A(T_i)$：当维修间隔时间为 T_i 时达到最大可用度。

③ t_i：装备第 i 个状态监测点的时间。

④ T_p：预防性维修所需的平均时间，$T_p > 0$。

⑤ T_f：修复性维修活动所需要的时间。

通常对装备进行修复性维修活动，不仅包括对故障部件进行修理和更换等直接维修时间，还包括进行预防性维修所需要的工序，以及零部件临时申请所带来的延误时间和对故障零部件拆卸过程中对其周围部件损伤所造成的间接维修时间，所以一般来说 $T_f > T_p$。装备在一个运行周期内的可用度 $A(T)$ 可表示为

$$A(T) = \frac{\text{一个更新周期中装备工作时间的期望值}}{\text{更新周期长度的期望值}} \quad (7-10)$$

式中，一个更新周期内装备的工作时间由装备已工作的时间、进行预防性维修所消耗的时间以及进行修复性维修所消耗的时间组成。

① 更新周期内工作时间的期望值=装备已工作的时间+到达最优维修间隔点之前的时间×期间无故障的概率+剩余使用寿命×产生修复性维修的概率，即

$$E(T_w) = t_i + T_i p(x_i \geq T_i | Y_i) + \int_0^{T_i} x_i p(x_i | Y_i) \, dx_i \quad (7-11)$$

② 更新周期长度=当前状态监测时刻（装备已工作的时间）+到达最优维修间隔点之前的时间×期间无故障的概率+装备的剩余使用寿命×发生修复性维修概率，即

$$A(T_i) = \frac{E(T_w)}{E(T)} = \frac{t_i + T_i p(x_i \geq T_i | Y_i) + \int_0^{T_i} x_i p(x_i | Y_i) \, dx_i}{t_i + (T_i + T_p) p(x_i \geq T_i | Y_i) + \int_0^{T_i} (x_i + T_f) p(x_i | Y_i) \, dx_i}$$

$$(7-12)$$

下面我们以某型自行火炮的核心机械部件——发动机的实验数据为例进行

分析。共有 4 台自行火炮发动机,且认为工作环境是相同的。第 1 台发动机出现故障后进行了修复,修复如新;第 4 台发动机寿命进行了截尾;其他两台发动机出现故障后没有进行修复维修。由于发动机运转过程中润滑油的消耗,以及尽可能避免异物造成润滑不良故障而进行的不定期换油,使得各元素浓度值在换油后会发生较大幅度的变化。同时,由于发动机主要摩擦副的组成为:凸轮轴与凸轮轴承,材料分别为 45 钢和铸铝;气缸套与活塞,材料分别为 38CrMoAlA 与 LD-8 锻铝等,因此重点考虑铁、铝、铅、硼、钡、铬、镁、硅 8 种元素。油液监测过程共获取了 5 组数据,对第 4 组数据(见附录中附表 4)以期望的费用最小为目标,考虑剩余使用寿命预测期望值进行维修决策。

假设平均预防性维修时间 $T_p = 5$ h,平均修复性维修时间 $T_f = 15$ h,$C_d = 200$ 元,状态监控费用 $C_m = 100$ 元,预防性维修费用 $C_p = 10\,000$ 元,修复性维修费用 $C_f = 30\,000$ 元,图 7-3 为部分监测点基于费用模型的维修决策图,图中*号是不同监测时刻费用极小值点在平面上的投影图。

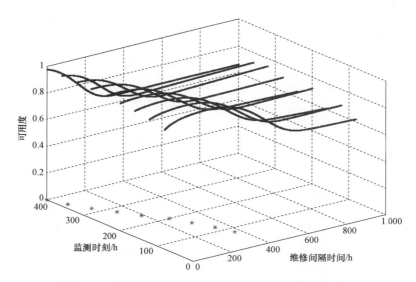

图 7-3 第 4 组数据基于费用模型的维修决策(部分)

同样,采用上述案例,对第 4 组数据以期望的可用度最大为目标进行维修决策。由式(7-12)得到第 4 组数据基于可用度模型的维修决策图,如图 7-4 所示。

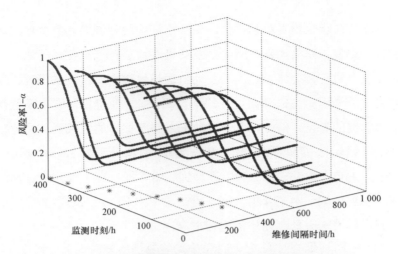

图 7-4　第 4 组数据基于可用度模型的维修决策（部分）

各个监测点的最优维修间隔时间如表 7-1 所示。

表 7-1　第 4 组数据基于可用度模型的维修决策结果（部分）

监测点 i	3	4	5	6	7	8	9	10	11
A_i	0.963 0	0.963 4	0.963 8	0.964 7	0.964 7	0.966 5	0.969 7	0.973 0	0.975 6
x_i /h	402	362	322	282	242	202	162	122	82
T_i /h	370	343	298	256	189	140	82	34	立即维修
寿命预测期望值/h	485	423	367	257	207	231	139	151	53

以第 6 个监测点为例，当维修间隔时间为 256 h 时，达到最大可用度 0.964 7，即下一次维修的最优间隔时间为 256 h。根据 7.2.3 节中建立的费用模型的维修决策优化规则，同理可以建立可用度模型中利用剩余使用寿命进行优化的方法。从表 7-1 的结果来看，可用度模型所确定的最优维修间隔时间 T_i 均小于剩余使用寿命预测期望值 T_i^*，因此确定在各个监测点以可用度模型的计算结果为依据进行维修决策。

7.4　基于风险模型的维修决策研究

1986 年苏联切尔诺贝利核电站的核泄漏事故和 2003 年美国哥伦比亚号航天

飞机的失事是两个典型的安全性问题案例，其造成的后果与影响是难以估量的。因此，安全性是装备平时使用和训练过程中的首要问题，既要保证其运行时的安全，也要避免其发生故障可能带来的安全性后果。相对于任务性和经济性来说，装备运行的安全性更为重要，因而在装备维修决策时需要优先考虑。

对于安全性要求下的装备维修决策，通常以可靠度或风险率为目标函数，把故障的发生概率降低到可接受的水平来确定装备最优的维修间隔时间。

设装备的风险率为 α，且 $0<\alpha<1$，其他符号说明同 7.3 节。为简便起见，假设装备监测时间和维修时间均可忽略不计。第 i 次监测时刻 t_i 发生故障的概率要低于 α，相反，不发生故障的概率为

$$p(x_i \geqslant T_i | Y_i) > 1 - \alpha$$

即

$$1 - \int_0^{T_i} p(x_i | Y_i) \, \mathrm{d}x_i > 1 - \alpha \tag{7-13}$$

由数值解法可得出装备安全性要求下的最优维修间隔时间。

同样，采用 7.3 节的案例，对第 4 组数据以期望的安全性需求为目标进行维修决策，设 $\alpha = 0.05$。由式（7-13）得到第 4 组数据基于风险模型的维修决策图，如图 7-5 所示。

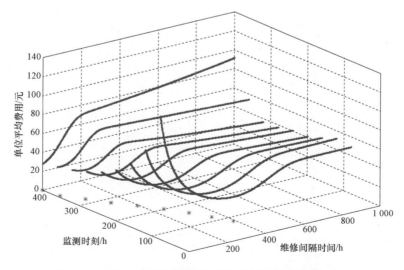

图 7-5　第 4 组数据基于风险模型的维修决策（部分）

可见，随着维修间隔时间的逐渐缩短，装备的安全指标$1-\alpha$越来越大，即风险越来越小，满足$1-\alpha > 0.95$的时间点，即为进行下一次维修的最优间隔时间。

各个监测点的最优维修间隔时间如表 7-2 所示，以第 7 组监测结果为例，当维修间隔时间为 165 h 时，满足风险率小于 0.05，即下一次维修的最优间隔时间为 165 h。同理，根据 7.2.3 节中所建立的费用模型的维修决策优化规则，可以建立风险模型中利用剩余使用寿命进行优化的方法。从表 7-2 的结果来看，风险模型所确定的最优维修间隔时间T_i均小于剩余使用寿命预测期望值T_i^*，因此确定在各个监测点以风险模型的计算结果为依据进行维修决策。

表 7-2 第 4 组数据基于风险模型的维修决策结果（部分）

监测点 i	3	4	5	6	7	8	9	10	11
$1-\alpha$	0.95	0.95	0.95	0.95	0.95	0.95	0.95	0.95	0.95
x_i /h	402	362	322	282	242	202	162	122	82
T_i /h	353	316	274	221	165	114	69	34	16
寿命预测期望值/h	485	423	367	257	207	231	139	151	53

第 8 章
故障预测与健康管理系统典型应用案例分析

8.1 F-35联合攻击战斗机项目

2000 年，世界领先的飞机制造商波音公司和洛克希德-马丁公司在投标下一代联合攻击战斗机（JSF）时，将 PHM 能力综合考虑在其设计、生产过程中。JSF 项目在新一代战斗机中采用 PHM 系统，并与地面联合分布式信息系统（joint distributed information system，JDIS）形成飞行器综合健康管理系统，或称自主后勤保障体系，如图 8-1 所示，用以在成本经济可承受条件下实现高的可靠性和可维修性，其系统框架如图 8-2 所示。

F-35 联合攻击战斗机采用的 PHM 系统是一种软件密集型系统，它在一定程度上涉及飞机的每一要素。其结构特点是采用分层智能推理结构，综合多个设计层次上的多种类型的推理机软件，便于从部件级到整个系统级综合应用故障诊断和预测技术。F-35 联合攻击战斗机的 PHM 系统是由联合攻击战斗机机上和机下部分构成的一体化系统，其分为三个层次：底层是分布在飞机各分系统部件（成员系统）中的软件、硬件监控程序（传感器或机内测试设备）；中间层为区域管理器；顶层为飞机平台管理器，各区域管理器将区域故障信息经过综合后传送给顶层的飞机平台管理器。

PHM 系统在飞机设计阶段被引入，并在 JSF 的概念论证阶段和工程制造开发阶段就开始收集数据进行预测模型的训练。JSF 开发与试验验证阶段的大量的飞机健康与故障征兆数据的不断积累，为 PHM 的人工智能系统提供必要的训练

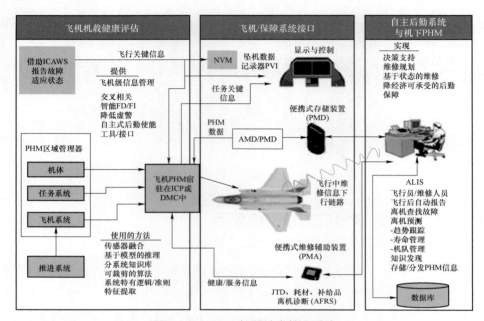

图 8-1 JSF 飞行器健康管理系统

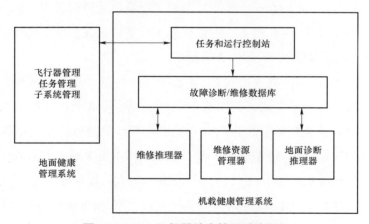

图 8-2 JSF 飞行器健康管理系统框架

数据,从而使 PHM 系统能更加准确地预测和管理飞机的健康状态。据估计,通过采用 PHM 技术和自主式后勤保障系统,可使飞机的故障不能复现(can not duplicate,CND)率减少 82%,使维修人力减少 20%~40%,后勤规模减小 50%,出动架次率提高 25%,飞机的使用与保障费用比过去的机种减少了 50% 以上,并且使用寿命可高达 8 000 飞行小时以上。JSF 应用的 PHM 技术是 JSF 项目实现经济可承受性、保障性和生存性目标的关键支撑技术。在 JSF 应用中的 PHM 技术代表着 PHM 技术的最高水平。

8.2 直升机健康与使用监测系统

据相关文献,直升机 HUMS 是 PHM 应用于直升机上的最早也较成功的案例。此系统具有全面的 PHM 能力和开放、灵活的系统结构,是一种集航空电子设备、地面支持设备及机载计算机监视诊断产品于一体的复杂系统。

典型的 HUMS 包括机载和地面两个系统。机载系统主要用来接收和处理与功能有关的参数或门限值的数据,而大部分的原始数据则在直升机降落后输入地面系统,处理后的结果用来指导地面修理人员进行维修。机载系统使用传感器和机载计算机与地面支持设备的计算机相连以便连续观察、自动记录和分析飞行机载设备的性能特征,从而监测潜在失效,对早期故障做出诊断,如图 8 – 3 所示。

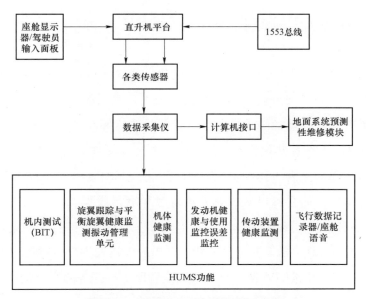

图 8 – 3　直升机健康与使用监测系统

HUMS 系统经过 20 多年的发展,已广泛应用于各型军/民用直升机领域,且此项技术也被军民两方普遍接受,业内一致认为:HUMS 能使直升机的振动水平得到有效控制,许多驾驶员都感觉良好;安装 HUMS 的飞机可以有计划地减少使用成本和维修工时,适时停飞检查,驾驶员与调度几乎都不受干扰;更重要的是,直升机飞行安全得到了显著改善。

英国自 20 世纪 80 年代末开始从事 HUMS 原理样机的研制,自 1991 年生产出世界上第一个 HUMS 以来,已先后开发了三代产品。在军用直升机领域也有部分应用,但由于成本昂贵等原因,HUMS 在小型直升机和许多现役军用直升机上的应用受到了一定限制。为了使小型直升机用户也能采用 HUMS,欧洲直升机公司设计了三种 HUMS 功能类型:MINIHUMS、INT.HUMS 和 FULLHUMS。目前,HUMS 在加拿大、荷兰、新加坡、南非共和国、以色列等国的军用直升机中都有应用。据美国《今日防务》报道,安装了 HUMS 的美国陆军直升机完备率提高了 10%。近年来,美国国防部正在验证新一代 HUMS-JAHUMS,其具有更完善、全面的 PHM 能力和开放、灵活的系统结构。

8.3 航空航天领域的 IVHM 系统

经过阿波罗 6 号飞船、奥斯卡 9 号运载火箭等各国航天器发射运行过程中多起事故教训,为了减少航天器和航天员损失,美国等西方国家从 20 世纪 50 年代就开始研究航天器故障诊断技术。目前故障诊断系统已从原来单一的各个分系统(如电源系统和热控系统)的故障诊断专家系统,向集成系统状态监测、故障诊断和故障修复为一体的 IVHM 系统发展。IVHM 系统不仅可以提高航天器的安全可靠性,而且可以减少航天器发射和运行成本。

IVHM 这个概念出现于 20 世纪 70 年代,它定义为一些行为的集合,这些行为包括解航天(运载)器及其元件的状态、当航天器发生异常时把它恢复到正常状态以及在系统发生故障时使它对系统安全和所进行任务的影响最小。IVHM 行为分为如下四部分:诊断——判断哪些系统元件未正常工作以及它们未正常工作的程度;减轻影响——对故障进行必要的处理,同时在故障条件下尽量保证任务的有效性；修复——替换发生故障的元件或将其恢复到正常状态；检验——确定故障元件已被修复并没有潜在的负面影响。IVHM 系统就是一系列用来使航天器健康管理行为自动化的工具和过程的集合。它包含地面健康管理（IGHM）系统和机载健康管理系统，如图 8-4 所示。

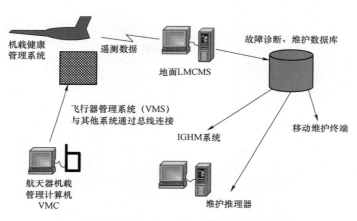

图 8-4 IVHM 系统体系

IGHM 系统主要安装在航天器地面控制中心故障诊断计算机上，推理引擎采用基于模型推理技术。航天器的所有信息（包括传感器数据、机载设备运行指令流以及机载诊断系统的诊断结果）通过遥测系统传输到地面的航天器地面控制站，然后把这些信息经过处理后存储在不同的数据库中（关于系统健康的信息就放在故障诊断、维护数据库中）。IGHM 系统从故障诊断数据库中读出从航天器下载的健康信息并进行诊断推理，其诊断结果可用作机载诊断系统诊断结果的补充和校核。采用网络技术，移动终端可以访问和维护故障诊断数据库，并且该数据库可以在航天器飞行前后及其在轨时不断学习和改进。所有与地面控制站相关的系统通过分布式光纤网连接起来。

机载健康管理系统与机载任务管理软件系统运行在同一计算机上，这样可以减少载荷质量和电源消耗，但是要解决两个系统之间的冲突问题。机载的各个子系统通过冗余总线结构相联系，可以采用类似 Qualtech Systems 公司的总线结构的远程故障诊断系统方案。图 8-5 是典型 PHM 技术应用的演变历程。

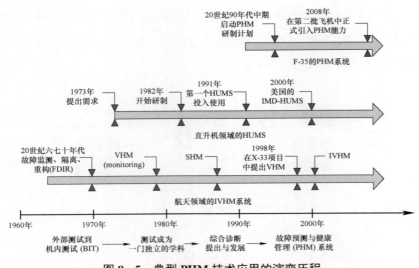

图 8-5 典型 PHM 技术应用的演变历程

8.4 美国 M1 坦克发动机故障预测与健康管理系统

随着美陆军 M1 坦克不断采用新材料、电子/控制系统和自动化设备来提高其可靠性和作战性能，其采购费用和维护费用也不断增加，因此，有必要把 PHM 技术引入装甲车辆故障诊断领域。

从 20 世纪 90 年代初美国西北太平洋国家实验室开发出了基于人工神经网络的涡轮发动机原理性诊断/预测人工神经网络（turbine engine diagnostic artificial neural network，TEDANN），旨在寻求一种能执行基于状态的维修和自主式后勤保障的技术。通过主战坦克 M1 的 AGT-1500 涡轮发动机平台，以获取实时发动机状态，来监测近期车辆健康情况和预测可用度。这种技术可以通过减少维修工时来提高维修过程，提高诊断能力和扩展可用度，并且提供信息需求来优化基于需求的维修安排。据公开的有关资料，如果 TEDANN 系统能全面应用，将通过车载传感器来诊断/预测发动机健康状况，运用人工神经网络识别传感器采集的信息来诊断异常状态，最终把诊断/预测信息无线传输给指挥/控制和维修支援系统，来进行健康状态评估和维修决策。据估计，采用 TEDANN 系统进行 M1 坦克发动机辅助维护可将定检周期延长 25%，在 M1 坦克 30 年的使用寿命内可以节约数亿美元的维护费用。

新开发的 TEDANN 系统被安装在美国陆军国家警卫队和陆军尤马试验场的 6 辆 M1 坦克上，此系统共需 48 个传感器的输入，分别安装在 AGT-1500 发动机上。其中 32 个传感器是由生产厂家安装的，用于发动机控制和基本诊断功能，另外 16 个传感器通过线束安装在发动机上，这 16 个传感器包括 7 个压力传感器、6 个温度传感器、1 个屑末探测器、1 个振动传感器和 1 个倾角传感器。同时随着技术的不断发展，先进的微机电系统（micro-electro-mechanical system，MEMS）已应用在此相关项目上。传感器信号用两块印制电路板来调节，多路传输进一个数据采集卡，然后由微处理器来进行计算分析，如果完全被部署在战场，还可与其他坦克车载电子系统相融合。

TEDANN 发展使用基于模型的诊断和人工神经网络两种方式。这项技术使诊断/预测系统模拟正常的发动机功能，判断是否属于异常行为，把这些异常进行分类以作为维修保障的参考。传感器的数值用于判断是否在操作的范围内有效，如果任何一个传感器判断有故障，模拟值将被观测值所代替。人工神经网络和一系列规则用于传感器数值模化和支持传感器确认。传感器确认后，传感器数据通过诊断模型被处理。诊断程序包括基于规则和基于人工神经网络的分析。基于规则的分析检查是否一个或一些传感器值超出了阈值或不能遵循热力学关系。基于人工神经网络分析的提供复杂故障的诊断，这些需要同大量传感器分析同步。一个无监督的自我组织的神经网络把发动机分成几种状态，如低速、中速和全速等，其他有监督的前回馈的神经网络执行发动机模型和模式识别技术来诊断具体故障和状态。这种基于模型的诊断结果通过一些参数输出，输出的参数又通过 TEDANN 诊断模型进行分析。TEDANN 系统分析流程如图 8-6 所示。

从 TEDANN 诊断模型模拟的趋势结果中可以完成故障和退化性能的预测。通过诊断的数值可以计算出短期和长期的线性衰退情况。系统尝试预测出元件失效或发动机元件不能满足功能的时间点，继而展开有效的预防工作。

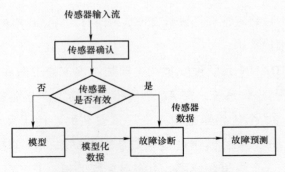

图 8-6 TEDANN 系统分析流程

附 录

某型发动机油液监测数据

附表1 样本1的金属元素浓度值（单位：ppm[①]）

时间/h	铁	铝	铅	硼	钡	铬	镁	硅
0	27.29	3.28	4.43	0.51	8.84	1.11	10.06	43.35
40	53.63	4.11	5.64	0.41	9.89	2.21	11.25	48.64
82	59.32	4.52	5.96	0.48	8.37	2.35	10.82	24.08
110	65.75	4.66	6.44	0.4	8.01	2.99	11.67	20.95
150	34.66	3.34	3.66	0.25	7.78	1.31	9.14	23.54
192	39.21	3.76	4.18	0.26	6.95	1.66	9.73	9.4
230	42.52	3.82	4.6	0.22	6.83	1.55	10.32	8.41
272	43	3.7	4.46	0.33	9.19	1.58	11.25	8.08
311.3	40.89	4.7	4.44	0.28	6.01	1.38	9.73	7.78
350	45.01	4.66	5.49	0.26	8.72	1.75	11.08	7.33
394	29.3	3.54	3.72	0.1	8.6	0.94	8.72	6.36
430	37.97	2.16	4.9	0.22	16.4	1.01	28.21	7.88
470	42.43	4.62	4.84	0.26	8.95	0.96	11.52	7.83
510	44.12	4.76	5.21	0.24	8.25	1.25	10.49	8.38
550	38	5.5	4.95	0.37	8.01	1.19	12.53	7.58
590	40.26	4.89	5.26	0.24	6.48	1.27	11.76	9.02
610	8.12	8.12	8.12	8.12	8.12	8.12	8.12	8.12

[①] 1 ppm = 1 mg/L。

附表 2　样本 2 的金属元素浓度值（单位：ppm）

时间/h	铁	铝	铅	硼	钡	铬	镁	硅
0	25.3	2.93	4.53	0.49	8.9	1.24	10	44
40	40.56	4.25	5	0.41	7.26	1.75	11.46	49.34
80	42.46	4.67	5.83	0.43	8.49	2.68	10.82	10.84
110	45.69	2.73	3.01	0.38	8.21	0.97	9.28	11.49
140	30.49	3.31	3.68	0.23	5.21	1.54	9.67	10.96
180	35.78	3.94	4.76	0.28	6.82	1.62	12.57	11.37
220	43.25	3.92	5.29	0.26	6.59	1.46	11.09	8.16
260	42.36	3.49	4.07	0.24	10.26	1.82	10.22	8.26
300	50.86	4.67	3.86	0.21	10.27	1.72	11.43	9.68
320	42.87	4.97	4.73	0.26	8.51	1.59	11.09	8.62
360	26.45	3.53	3.65	0.21	5.93	0.84	10.56	8.5
400	32.67	5.27	3.67	0.24	13.25	1.27	12.28	7.87
440	42.58	5.92	5.28	0.42	9.16	1.36	10.94	9.16
480	57.23	5.1	5.03	0.55	6.91	0.89	9.87	8.06
520	45.29	6.64	5.7	1.19	1.52	0.59	10.08	12.22
560	43.61	5.71	4.72	0.28	17.58	0.73	10.53	5.59
600	42.59	6.38	4.62	0.52	3.29	1.53	8.93	7.59
640	60.49	6.97	6.31	0.73	3.07	1.55	10.49	8.91
702	58.57	7.21	5.99	0.57	12.58	1.6	12.72	26.34

附表 3　样本 3 的金属元素浓度值（单位：ppm）

时间/h	铁	铝	铅	硼	钡	铬	镁	硅
0	27.3	3.09	3.5	0.5	8	1	10	45
40	40.37	3.84	5.34	0.52	9.29	1.94	10.34	34.6
80	50.21	4.26	5.68	0.46	8.32	2.65	10.82	22.2
120	27.12	2.65	3.12	0.22	7.06	1.12	9.67	9.65
160	30.49	2.91	3.76	0.24	8.37	1.65	9.54	27.64
200	35.24	4.63	4.93	0.13	8.64	1.95	10.28	11.24
240	40.27	4.86	4.76	0.2	6.58	1.58	10.93	7.34
280	39.91	3.96	3.46	0.23	9.3	1.26	9.64	7.64
320	38.67	4.89	3.68	0.17	8.64	0.81	11.65	7.29

续表

时间/h	铁	铝	铅	硼	钡	铬	镁	硅
360	42.63	4.59	3.67	0.18	10.59	1.45	9.61	8.38
400	40.09	5.64	4.38	0.24	8.06	1.04	12.64	8.65
440	39.06	5.01	5.16	0.34	5.91	1.24	20.64	10.27
480	42.38	4.75	4.68	0.37	3.68	1.15	12.34	8.64
520	20.65	3.06	3.34	0.21	1.52	0.54	10.32	8.57
560	22.64	4.14	4.06	0.38	2.24	0.54	9.46	11.29
600	36.61	4.86	3.25	0.38	2.59	0.22	8.67	5.68
640	42.61	5.21	4.02	1.15	15.34	0.53	20.37	10.24
680	29.19	5.46	5.57	0.35	5.62	0.64	10.39	7.38
720	45.37	4.29	5.26	0.38	2.69	1.07	8.69	18.56
760	49.51	5.59	5.66	0.37	3.85	1.24	11.21	9.01
785	46.31	5.63	5.69	0.3	4.98	1.15	12.34	15.4

附表4 样本4的金属元素浓度值（单位：ppm）

时间/h	铁	铝	铅	硼	钡	铬	镁	硅
0	28.31	3.21	4.42	0.49	8.51	1.03	10.67	10
40	40.02	4.03	4.53	0.42	8.46	1.85	11.43	9
80	56.39	4.53	6.37	0.63	10.38	1.9	10.26	22.26
120	30.58	2.6	3.13	0.25	7.36	1.02	9.59	9.45
160	29.31	3.52	3.94	0.15	5.52	1.68	8.79	12.42
200	40.21	3.82	3.95	0.26	6.35	1.86	10.24	9.67
240	41.25	3.86	4.39	0.23	8.32	1.52	8.49	28.31
280	50.56	3.71	4.64	0.14	5.38	1.58	9.48	18.22
320	43.27	4.79	4.59	0.16	6.39	1.46	9.35	7.59
360	52.38	4.26	7.63	0.39	8.51	1.63	12.66	8.54
400	31.12	3.32	4.13	0.24	8.31	1.06	9.68	6.57
440	39.65	3.65	3.38	0.21	9.94	1.62	9.87	6.94
480	37.25	5.21	5.14	0.46	9.34	1.3	12.16	6.54
482	45.23	5.01	5.75	0.45	17.39	1.07	13.24	10.21

附表 5　样本 5 的金属元素浓度值（单位：ppm）

时间/h	铁	铝	铅	硼	钡	铬	镁	硅
0	15.32	3.28	4.00	0.34	9.26	0.42	11.84	8.41
9	12.04	2.25	3.06	0.21	1.02	0.47	10.57	6.18
50	21.16	4.18	3.75	0.3	2.81	0.67	10.91	13.33
90	22.27	3.6	3.24	0.42	16.27	0.52	11.68	6.44
132	21.98	5.76	3.17	1.22	2.13	0.54	11.32	11.94
171	28.34	4.65	4.93	0.26	5.19	0.68	12.13	9.96
210	27.75	4.12	5.54	0.23	1.66	1.25	7.38	5.54
250	33.31	4.06	5.7	0.21	4.02	0.92	9.78	6.05
290	38.67	5.64	6.17	0.81	13.31	1.06	13.35	10.16
298	33.32	4.58	4.69	0.43	12.61	0.76	11.55	8.47

参考文献

[1] 孙博,康锐,谢劲松. 故障预测与健康管理系统研究和应用现状综述[J]. 系统工程与电子技术,2007,29(10):1762-1767.

[2] 韩东. 基于数据驱动的故障预测方法及应用研究[D]. 石家庄:军械工程学院博士学位论文,2010.

[3] 冯辅周,司爱威,邢伟,等. 故障预测与健康管理技术的应用与发展[J]. 装甲兵工程学院学报,2009,23(6):1-6.

[4] 刘槟,田玲玲. 飞机维修的新理念:飞机健康管理[J]. 国际航空,2010(11),80-82.

[5] 万明. 面向第四代战斗机的机载自主式故障诊断方法研究[D]. 西安:空军工程大学,2000.

[6] 刘志花. 无人机故障预测与健康管理技术研究[D]. 北京:北京化工大学,2010.

[7] 常琦,袁慎芳. 飞行器综合健康管理(IVHM)系统技术现状及发展[J]. 系统工程与电子技术,2009,31(11):2652-2657.

[8] HESS A,FILA L. Prognostics from the need to reality-form the fleet users and PHM system designer/developers[C]// Aerospace Conference Proceeding,2002(6):2791-2797.

[9] HESS A, FILA L. The joint strike fighter (JSF) PHM concept: potential impact on aging aircraft problems [C]// Aerospace Conference Proceeding, 2002(6):3021-3026.

[10] MALLEY M E. Methodology for simulating the joint strike fighter's (JSF)

prognostics and health management system［D］. Air Force Institute of Technology Master's thesis, 2001.

［11］ 何厚伯. PHM 系统方案设计与评估关键技术研究［D］. 石家庄：军械工程学院，2011.

［12］ AASENG G, GORCLON B. Blueprint of an integrated vehicle health management system: the 20th conference on digital avionics systems［C］. Orlando ALR International 2001, 1: 14－18.

［13］ KELLER K, WIEGAND D. an Architecture to implement integrated vehicle health managent systems［C］//IEEE Systems Readiness Technology Conference. Piscataway: IEEE Inc, 2001: 2－15.

［14］ PRZYTULA K W. Reasoning framework for diagnosis and prognosis［C］//IEEE An Airspace Conference 2007. Big Sky, Montana, 2007: 1－10.

［15］ MCCOLLOM N. F-35 joint strike fighter autonomic logistics and prognostics and health management［A］. DoD Maintenance Sym posium & Exhibition Presentations, 2006.

［16］ HESS A. PHM a key enabler for the JSF autonomic logistics support concept［C］. IEEE Aerospace Conference Proceedings, 2004: 3543－3550.

［17］ 张宝珍. 国外综合诊断预测与健康管理技术的发展及应用［J］. 计算机测量与控制，2008，16（5）：591－594.

［18］ 张宝珍，曾天翔. PHM：实现 F－35 经济可承受性目标的关键使能技术［J］. 航空维修与工程，2005，6：20－23.

［19］ 张宝珍，王萍. 国外先进测试与传感器技术发展动态［J］. 航空科学技术，2012（1）：13－15.

［20］ 孙博，康锐，张叔农. 基于特征参数趋势进化的故障诊断和预测方法［J］. 航空学报，2008，29（2）：393－398.

［21］ 曾声奎，PECHT M G，吴际. 故障预测与健康管理（PHM）技术的现状与发展［J］. 航空学报，2005，26（5）：626－632.

［22］ 梁旭，李行善，张磊，等. 支持视情维修的故障预测技术研究［J］. 测控技术，2007，26（6）：5－8.

[23] 李文娟，马存宝，贺尔铭. 综合飞行器健康管理系统组成框架及关键技术研究 [J]. 航空工程进展，2011，2（3）：330–333.

[24] 赵宁社，翟正军，王国庆. 新一代航空电子综合化及预测与健康管理技术 [J]. 测控技术，2011，30（1）：1–8.

[25] 张亮，张凤鸣，李俊涛，等. 机载预测与健康管理（PHM）系统的体系结构 [J]. 空军工程大学学报，2008，9（2）：6–9.

[26] 杨洲，景博，安一甲，等. 机载系统故障预测与健康管理验证与评估方法 [J]. 测控技术，2012，31（3）：101–104.

[27] 尚永爽，赵秀丽，孟上. 航空装备综合地面健康管理系统研究 [J]. 电子测量技术，2010，33（9）：110–112.

[28] 王晗中. 基于 PHM 的雷达装备维修保障研究 [J]. 装备指挥技术学院学报，2008，19（4）：83–86.

[29] 彭乐林. 无人机故障预测及健康管理系统结构设计 [J]. 桂林航天工业高等专科学校学报，2009，（1）：20–21.

[30] 司爱威. 面向装甲车辆 PHM 系统的异常检测与故障预测技术研究[D]. 北京：装甲兵工程学院，2012.

[31] 刘晓芹，黄考利，田娜，等. 装备预测与健康管理体系结构及关键技术 [J]. 军械工程学院学报，2010，22（3）：1–5.

[32] 盛兆顺，尹琦玲. 设备状态监测与故障诊断技术及应用 [M]. 北京：化学工业出版社，2003.

[33] DISCENZO F M, NICKERSON W, MITCHELL C E, et al. Open systems architecture enables health management for next generation system monitoring and maintenance [R]. Development Program White Paper, 2001.

[34] LEBOLD M, THURSTON M. Open standards for condition-based maintenance and prognostic systems [C] //Maintenance and Reliability Conference (MARCON), 2001.

[35] CUTTER D M, OWEN R, THOMPSON O R. Condition based maintenance plus select program survey [R]. Report LG 301T6, 2005: 3–6.

[36] MURPHY B P. Machinery monitoring technology design methodology for

determining the information and sensors required for reduced manning of ships [D]. Massachusetts Institute of Technology Master'thesis, 2000.

[37] BANKS J, MURPHY B, REICHARD K. A demonstration of embedded Health management technology for the HEMTT LHS vehicle [C]. IEEE Aerospace Conference Proceedings, 2006: 1 – 8.

[38] TUMER, BAJWA A. A survey of aircraft engine health monitoring systems [R]. AIAA Paper, 1999: 99 – 2528.

[39] ROEMER MJ, KACPRZYNSKI GJ. Advanced diagnostics and prognostics for gas turbine engine risk assessment [C]. IEEE Aerospace Conference Proceedings, 2000(6): 345 – 353.

[40] BECKER A, RAWSON P. A health assessment of lubricating oil in two australian army CH-47D helicopters [R]. DSTO-TR-1594, 2004.

[41] MANDAL T K. Study on health assessment of generator winding insulation [C]. IEEE Electric Ship Technologies Symposium, 2005: 468-477.

[42] DICKSON B, CRONKHITE J, BIELEFELD S. Feasibility study of a rotorcraft health and usage monitoring system (HUMS) usage and structural life monitoring evaluation [R]. ARL-CR-290, 1996.

[43] 李俨，陈海，张清江. 无人机系统健康状态评估方法研究 [J]. 系统工程与电子技术，2011, 33（3）：562 – 567.

[44] 杨敏. 液体火箭发动机试验台健康状态评估方法研究 [D]. 哈尔滨：哈尔滨工程大学，2011.

[45] 徐宇亮，孙际哲，陈西宏. 电子设备健康状态评估与故障预测方法 [J]. 系统工程与电子技术，2012, 34（5）：1068 – 1072.

[46] 张亮，张凤鸣，杜纯. 复杂装备健康状态评估的粗糙核距离度量方法 [J]. 计算机工程与设计，2009, 39（9）：4239 – 4271.

[47] 崔晓飞，蒋科艺，王永华. 基于贝叶斯信息融合的航空发动机健康状态评估方法研究 [J]. 燃气涡轮试验与研究，2009, 22（4）：39 – 42.

[48] 吕建伟，余鹏，魏军. 舰船装备健康状态评估方法 [J]. 海军工程大学学报，2011, 23（3）：72 – 76.

[49] 何厚伯,赵建民,许长安,等. 基于马尔可夫过程的健康状态评估模型[J]. 计算机与数字工程,2011,39(7):63-66.

[50] 吴波,贾希胜,夏良华. 基于灰色聚类和模糊综合评判的装备—装备群健康状态评估[J]. 军械工程学院学报,2009,21(5):1-5.

[51] 吴波. 装备健康状态评估及应用研究[D]. 石家庄:军械工程学院,2009.

[52] 齐伟伟. 基于云模型和SVR的装备健康状态评估与预测方法研究[D]. 石家庄:军械工程学院,2011.

[53] 齐伟伟,夏良华,李敏,等. 基于云重心的装备健康状态评估[J]. 火力与指挥控制,2012,37(4):79-82.

[54] SAATY T L. Fundamentals of decision making and priority theory with the analytic hierarchy process[M]. RWS Publications, 1994.

[55] SAATY T L. Decision making in the analytic hierarchy proess, 1998[M]. New York: McGraw-Hill, 1998.

[56] HORIUCHI T, MIKOSHIBA H, NAKAMURA K, et al. A simple method to evaluate device lifetime due to hot-carrier effect under dynamic stress[J]. IEEE Electron Device Letters, 2006, 7(6): 337-339.

[57] WANG Z, PEI X F. Fuzzy approximation and recasting[J]. Advances in Systems Science and Applications, U.S.A, 2006.

[58] 刘普寅,吴孟达. 模糊理论及其应用[M]. 长沙:国防科技大学出版社,1998.

[59] 尚鑫. 基于神经网络的混凝土斜拉桥健康状态评估技术研究[D]. 西安:长安大学,2004.

[60] 范剑锋. 桥梁健康状态的智能评估方法研究[D]. 武汉:武汉理工大学,2006.

[61] 蔡文. 物元分析[M]. 广州:广东高等教育出版社,1987.

[62] 李德毅,杜鹢. 不确定性人工智能[M]. 北京:国防工业出版社,2005.

[63] LI D Y. Uncertainty reasoning based on cloud models in controllers journal of computer science and mathematics with application[J]. Elsevier Science, 1998, 35(3): 99-123.

[64] 吴溪，王宝琦，徐达，等. 基于云模型的装备维修性评估方法研究 [J]. 航天控制，2013，31（4）：93－95.

[65] 陈璐，杨和梅，连广彦. 基于云理论的装甲兵作战体系效能评估 [J]. 兵工自动化，2010，29（2）：4－19.

[66] 杜湘瑜，尹全军，黄柯棣，等. 基于云模型的定性定量转换方法及其应用 [J]. 系统工程与电子技术，2008，30（4）：773－776.

[67] 李丹. 基于云模型的多属性决策系统应用研究 [D]. 哈尔滨：黑龙江科技学院，2010.

[68] ANDREW H, LEO F. The joint strike fighter (JSF) PHM concept: potential impact on aging aircraft problems [C] //Proceedings of IEEE Aerospace Conference. Montana, USA, 2002(6): 3021－3026.

[69] HENLEY S, HESS A, FILA L. The joint strike fighter (JSF) PHM and the autonomic logistic concept: potential impact on aging aircraft problems [C]// The RTO AVT Specialists' Meeting on "Life Management Techniques for Ageing Air Vehicles". 2001, MP-079(II): (SM)41－1－8.

[70] MALLEY M E. A Mehtodology for simulating the joint strike fighter's(JSF) prognostics and health management system [D]. Department of the Air Force, Air University, 2001.

[71] 左丽华. 国外直升机 HUMS 系统的应用 [J]. 直升机技术，2000，123（3）：48－53.

[72] GREITZER F L, KANGAS L J. Gas turbine engine health monitoring and prognostics [C] //The International Society of Logistics (SOLE) 1999 Symposium. Las Vegas. Nevada, 1999.

[73] 高占宝，梁旭，李行善. 复杂系统综合健康管理 [J]. 测控技术，2005，24（8）：1－5.

[74] 唐磊，周斌，李南. 舰用发动机健康管理开放式系统架构 [J]. 舰船科学技术，2011，33（6）：76－80.

[75] 张耀辉. 装备维修技术 [M]. 北京：国防工业出版社，2008.

[76] FERREL B L. Air vehicle prognostics & health management [C]. Proceedings

of IEEE Aerospace Conference, 2006(6): 145 – 146.

[77] 耿俊豹. 基于信息融合的舰船动力装置技术状态综合评估研究[D]. 武汉：华中科技大学，2007.

[78] 张宝贵. 输变电设备状态评估技术的应用[J]. 高电压技术，2007，33（10）：208 – 210.

[79] 李录平，邹新元，晋风华. 基于融合信息熵的大型旋转机械振动状态的评价方法[J]. 动力工程，2004，24（2）：153 – 158.

[80] 冯志刚，王祁. 基于模糊数据融合的健康评价方法[J]. 测试技术学报，2006，20（3）：264 – 269.

[81] 冯志刚，王祁. 基于模糊数据融合的液氢供应系统健康评价方法[J]. 吉林大学学报（工学版），2006，36（5）：751 – 756.

[82] 张小明，刘建敏，乔新勇，等. 柴油机健康状态评估及其方法[J]. 装甲兵工程学院学报，2008，22（2）：30 – 34.

[83] 袁志坚，孙才新，袁张渝. 变压器健康状态评估的灰色聚类决策方法[J]. 重庆大学学报（自然科学版），2005，28（3）：22 – 25.

[84] 张金萍，刘国贤，袁泉. 变电设备健康状态评估系统的设计与实现[J]. 现代电力，2004，21（8）：45 – 49.

[85] 赵文清，朱永利，姜波，等. 基于贝叶斯网络的电力变压器状态评估[J]. 高电压技术，2008，34（5）：1032 – 1038.

[86] 纪航. 变压器状态综合评估方法研究[D]. 保定：华北电力大学，2005.

[87] 朱铮. 基于不确定理论的变压器状态评估的研究[D]. 保定：华北电力大学，2007.

[88] 徐敏，钟文慧，刘井萍. 基于模糊理论的变压器状态评估[J]. 南昌大学学报（工科版），2009，31（1）：53 – 56.

[89] 宾光富，李学军，李萍. 一种构建机械设备健康状态评价指标体系的方法研究[J]. 机床与液压，2007，35（12）：177 – 182.

[90] 郝允志. 基于虚拟仪器技术的柴油机测试系统设计研究[D]. 哈尔滨：哈尔滨工程大学，2006.

[91] KENNEDY J, EBERHART R C. Particle swarm optimization [C].//IEEE

international conference on neural networks Perth, Australia, 1995, 1942 – 1948.

[92] KENNEDY J, EBERHART R C. A discrete binary version of the particle swarm algorithm. Proceedings of the world multiconference on systemics [C] // Cybernetics and Informatics 1997. Piscataway: IEEE Service Center: 1997: 4104 – 4109.

[93] SHI Y, EBERHART R. A modified particle swarm optimizer [C]. IEEE World Congress on Computational Intelligence, 1998: 69 – 73.

[94] 郑洪英. 基于进化算法的入侵检测技术研究 [D]. 重庆：重庆大学，2007.

[95] 王新峰，邱静，刘冠军. 基于离散粒子群优化算法的直升机减速器齿轮故障特征选择 [J]. 航空动力学报，2005，20（6）：969 – 972.

[96] 胡春霞. 免疫微粒群算法的研究 [D]. 太原：太原科技大学，2007.

[97] 曾慧娟，潘文斌，朱建全. 基于改进粒子群优化算法的水质模型参数识别 [J]. 环境污染与防治，2008（3）：1 – 7.

[98] 代凤娟. 支持故障预测的传感器优化布置研究 [D]. 西安：西北工业大学，2007.

[99] 魏秀业. 粒子群优化的齿轮箱智能故障诊断研究 [D]. 太原：中北大学，2009.

[100] 安幼林. 面向综合诊断的装备诊断设计关键技术研究 [D]. 石家庄：军械工程学院博士学位论文，2009.

[101] 闫鹏程，黄鑫，连光耀，等. 基于相关矩阵的动力传动系统故障诊断多类传感器优化布置方法研究 [J]. 计算机测量与控制，2012，20（7）：1753 – 1756.

[102] 焦长兵，冯志强，曹建亮. 基于云模型 – AHP 的炮兵营作战指挥效能评估 [J]. 舰船电子工程，2009，（29）4：49 – 52.

[103] LI D, SHI X M, GUPTA M M. Soft inference mechanism based on cloud models [C]// Proceedings of the 1st International Workshop on Logic Programming and Soft Computing: Theory and Application. Bonn, Germany, 1996.

［104］LI D Y. Knowledge representation and discovery based on linguistic atoms［J］. Proceedings of the 1st Pacific Asia Conference, Singapore, 1997: 3－20.

［105］魏延芹. 基于物元与证据理论相结合的高压断路器状态评估方法研究［D］. 重庆：重庆大学，2008.

［106］黄飞龙. 基于未确知理论和物元分析的变压器绝缘状态评估方法研究［D］. 重庆：重庆大学，2010.

［107］温秀锋. 基于云理论的电力系统运行风险评估的研究［D］. 保定：华北电力大学，2008

［108］姚增建，路建伟，杨启科. 基于云模型－AHP 的防空兵指挥控制效能评估［J］. 舰船电子工程，2012，32（8）：26－28.

［109］刘垠杰. 液体火箭发动机启动阶段故障检测与诊断方法研究［D］. 长沙：国防科学技术大学，2011.

［110］汪培庄. 模糊集与随机集落影［M］. 北京：北京师范大学出版社，1985.

［111］胡涛，王树宗，杨建军. 基于云模型的物元综合评估方法［J］. 海军工程大学学报，2006，18（1）：85－88.

［112］崔凯旋. 通用装备保障训练效果评估研究［D］. 石家庄：军械工程学院，2012.

［113］齐伟伟，夏良华，李敏. 基于云重心评估法的装备健康状态评估［J］. 军械工程学院学报，2012，37（4）：79－82.

［114］LI D Y, HAN J W, SHI X M. Knowledge representation and discovery based on linguistic atoms［J］. Knowledge-based Systems, 1998(10): 431－496.

［115］谢庆，彭澎，唐山，等. 基于云物元分析原理的电力变压器故障诊断方法研究［J］. 高压电器，2009，45（6）：74－82.

［116］唐秋生，赵胜男，吕先洋. 基于云物元评估模型的绿色供应链绩效研究［J］. 重庆交通大学学报，2011，30（4）：340－343.

［117］易富君，韩直，邓卫. 公路隧道群运营安全性综合评价方法［J］. 长安大学学报，2012.（32）3：79－84.

［118］肖丁，陈进军，苏兴，等. 装备保障能力评估指标体系研究［J］. 装备指

挥技术学院学报，2011，22（3）：42-45.

[119] 李如琦，苏浩益. 基于可拓云理论的电能质量综合评估模型［J］. 电力系统自动化，2012，36（1）：66-70.

[120] 王书明. 基于层次分析法和熵权法的煤矿安全投入综合评价模型及其应用［J］. 金陵科技学院学报，2011，27（4）：8-16.